高职高专环境教材编审委员会

顾　　　问　　　刘大银

主任委员　　　沈永祥

副主任委员　　许　宁　王文选　王红云

委　　员　　（按姓名汉语拼音排序）

白京生	陈　宏	冯素琴	付　伟	傅梅绮
顾　玲	郭　正	何际泽	何　洁	胡伟光
扈　畅	蒋　辉	金万祥	冷士良	李党生
李东升	李广超	李　弘	李洪涛	李旭辉
李耀中	李志富	牟晓红	沈永祥	司　颐
宋鸿筠	苏　炜	孙乃有	田子贵	王爱民
王春莲	王红云	王金梅	王文选	王小宝
王小平	王英健	魏振枢	吴国旭	徐忠娟
许　宁	薛叙明	杨保华	杨永红	杨永杰
尤　峥	于淑萍	于宗保	袁秋生	岳钦艳
张柏钦	张洪流	张慧利	张云新	赵连俊
智恒平	周凤霞	朱惠斌	朱延美	庄伟强

"十二五"职业教育国家规划教材
经全国职业教育教材审定委员会审定

水环境监测

姚运先 主编
贾劲松 罗 玲 副主编

化学工业出版社
·北京·

本书介绍了水环境监测基础知识，重点介绍了涉及水环境监测中监测方案的制订；水样的采集、保存与前处理技术；监测分析质量保证与质量控制技术等。本书力求：内容全面，反映当前国内外水环境监测技术的发展水平；针对高职高专教育的特点和培养目标，满足社会对环境监测人才专业水平与能力的要求；注重理论和实际相结合，采用项目化教学模式，突出专业素质和能力的培养。

本书为高职高专环境监测专业及环境类其他各专业的教材，同时也可作为大中专院校、环境保护相关企事业单位及职业资格考试的培训教材。

图书在版编目（CIP）数据

水环境监测/姚运先主编．—北京：化学工业出版社，2014.12（2024.9重印）
"十二五"职业教育国家规划教材
ISBN 978-7-122-22027-1

Ⅰ.①水⋯　Ⅱ.①姚⋯　Ⅲ.①水环境-环境监测-高等职业教育-教材　Ⅳ.①X832

中国版本图书馆CIP数据核字（2014）第235046号

责任编辑：王文峡　　　　　　　　　　文字编辑：林　媛
责任校对：吴　静　　　　　　　　　　装帧设计：刘剑宁

出版发行：化学工业出版社（北京市东城区青年湖南街13号　邮政编码100011）
印　　装：河北延风印务有限公司
710mm×1000mm　1/16　印张12¾　字数237千字　2024年9月北京第1版第13次印刷

购书咨询：010-64518888　　　　　　　售后服务：010-64518899
网　　址：http://www.cip.com.cn
凡购买本书，如有缺损质量问题，本社销售中心负责调换。

定　价：35.00元　　　　　　　　　　　　　　　　　　版权所有　违者必究

前　言

　　水环境监测是为国家合理开发利用和保护水资源提供系统水质资料的一项重要基础工作，是环境工程设计、环境科学研究、环境保护管理和政府决策等不可缺少的重要手段。水环境监测的目的是准确、及时、全面地反映水体环境质量现状及发展趋势，为环境管理、环境规划、环境评价以及水污染控制与治理等提供科学依据。我国的水环境监测事业得到了迅速的发展，水环境监测对我国实现水资源可持续发展战略、促进经济建设、保护水环境质量起着积极和重要的作用。为满足高等学校环境类专业对水环境监测教材的要求，并考虑到环境监测相关标准的更新和监测技术的发展，编者根据多年来的水环境监测教学基础与经验，编写了本教材。

　　本书力求：内容全面，反映当前国内外水环境监测技术的发展水平；针对高职高专教育的特点和培养目标，根据社会对环境监测人才专业水平与能力的要求编写；注重理论和实际相结合，采用项目化教学模式，突出专业素质和能力的培养；重点介绍了涉及水环境监测中监测方案的制订，水样的采集、保存与前处理技术，监测分析质量保证与质量控制技术等。

　　本书为高职高专环境监测专业及环境类其他各专业的教材；也可作为大中专院校、环境保护相关企事业单位及职业资格考试的培训教材。

　　本书由长沙环境保护职业技术学院姚运先、贾劲松、罗玲、曹小敏、中国环境管理干部学院刘军、广东环境工程职业技术学院黄玲、北京电子科技职业学院张晓辉和谢国莉、湖南省环境监测中心站田耘编写，姚运先担任主编，贾劲松、罗玲担任副主编。张晓辉对书稿提供了宝贵建议，在此表示感谢！

　　由于作者的水平所限，书中难免存在不妥之处，敬请各位读者给予批评指正。

编　者

2014 年 10 月于长沙

目 录

模块一　基本素质能力模块——水环境监测的基础知识 …………………… 1
 项目一　课程导入 ………………………………………………………… 1
  一、环境监测基本知识 ………………………………………………… 1
  二、水体污染与水质指标 ……………………………………………… 4
 思考题 ……………………………………………………………………… 10
 项目二　水环境标准 ……………………………………………………… 10
  一、水环境质量标准 …………………………………………………… 10
  二、排放标准 …………………………………………………………… 14
 思考题 ……………………………………………………………………… 24
 项目三　监测方案的制订 ………………………………………………… 24
  一、地表水水质监测方案的制订 ……………………………………… 24
  二、地下水水质监测方案的制订 ……………………………………… 29
  三、水污染源监测方案的制订 ………………………………………… 31
  四、底质监测方案的制订 ……………………………………………… 32
 思考题 ……………………………………………………………………… 33
 项目四　实验室质量控制 ………………………………………………… 33
  一、质量保证、质量控制的意义和内容 ……………………………… 33
  二、误差 ………………………………………………………………… 34
  三、相关名词 …………………………………………………………… 37
  四、数据处理和常用统计方法 ………………………………………… 43
  五、实验室质量保证 …………………………………………………… 52
 思考题 ……………………………………………………………………… 63

模块二　专业核心技能模块——水环境监测技能 …………………………… 64
 项目一　水样的采集 ……………………………………………………… 64
  任务一　有机玻璃水质采样器及其使用方法 ………………………… 80
  任务二　水样的贮存容器与选择 ……………………………………… 81
  任务三　溶解氧水样的采集 …………………………………………… 82
  任务四　底质样品的采集 ……………………………………………… 83

项目二　水样的保存和运输 ·· 85
　　任务一　对某一居民小区生活污水进行监测，设计样品的保存与
　　　　　　运输方案 ·· 93
　　任务二　样品交接单的填写 ·· 93
项目三　水样的预处理 ·· 95
　　任务一　钼锑抗分光光度法测磷水样的预处理 ······················ 103
　　任务二　直接吸入火焰原子吸收分光光度法测定铜水样的预处理 ····· 105
　　任务三　纳氏试剂分光光度法测定氨氮水样的预处理 ··············· 106
项目四　水样中理化指标的分析测定 ·································· 109
　　任务一　色度的测定——目视比色法 ································ 111
　　任务二　悬浮物的测定——重量法 ··································· 112
项目五　水样中营养盐及氧平衡指标的分析测定 ···················· 115
　　任务一　氨氮的测定——纳氏试剂分光光度法 ······················ 119
　　任务二　总磷的测定——钼锑抗分光光度法 ························ 121
　　任务三　溶解氧的测定——碘量法 ··································· 124
　　任务四　化学需氧量的测定——重铬酸钾法 ························ 127
　　任务五　高锰酸盐指数的测定——酸性法 ··························· 130
　　任务六　生化需氧量的测定——稀释接种法 ························ 133
项目六　水样中重金属指标的分析测定 ······························· 138
　　任务一　砷的测定——原子荧光法 ··································· 142
　　任务二　汞的测定——原子荧光法 ··································· 145
　　任务三　六价铬的测定——二苯碳酰二肼分光光度法 ··············· 149
　　任务四　铁的测定——邻菲啰啉分光光度法 ························ 152
　　任务五　铜的测定——直接吸入火焰原子吸收法 ··················· 155
　　任务六　铅的测定——石墨炉原子吸收法 ··························· 158
项目七　水样中有机物指标的分析测定 ······························· 162
　　任务一　水中石油类的测定——红外分光光度法 ··················· 164
　　任务二　水中挥发酚的测定——4-氨基安替比林分光光度法 ······· 168
项目八　水样中无机阴离子指标的分析测定 ·························· 175
　　任务　水中氟离子的测定——离子色谱法 ··························· 177
项目九　水样中生物学指标的分析测定 ······························· 181
　　任务一　水中细菌总数的测定 ·· 183
　　任务二　水中总大肠菌群的测定 ····································· 185
　　任务三　水中粪大肠菌群的测定 ····································· 188

模块三　综合能力培养模块——综合实训 …………………………………… 192
　　一、实训目的 ………………………………………………………………… 192
　　二、监测资料的收集 ………………………………………………………… 192
　　三、监测项目和范围 ………………………………………………………… 192
　　四、监测点布设、监测时间和采样方法 …………………………………… 192
　　五、样品的保存和运输 ……………………………………………………… 193
　　六、分析方法与数据处理 …………………………………………………… 193
　　七、要求学生完成的工作 …………………………………………………… 194

模块一　基本素质能力模块
——水环境监测的基础知识

项目一　课程导入

一、环境监测基本知识

环境监测是由环境监测机构按照规定程序和有关法规的要求，对代表环境质量及发展趋势的各种环境要素进行技术性监视、测试和解释，对环境行为符合法规情况进行执法性监督、控制和评价的全过程操作。按照监测对象，环境监测分为水质监测、空气监测、土壤和固废监测、生物监测、噪声监测、放射性监测等。

（一）环境监测的目的

准确、及时、全面地反映环境质量现状及发展趋势，为环境管理、污染源控制、环境规划等提供科学依据。主要包括：

① 根据环境质量标准评价环境质量；

② 根据污染分布情况，追踪寻找污染源，为实现监督管理、控制污染提供依据；

③ 收集本底数据，积累长期监测资料，为研究环境容量、实施总量控制和目标管理、预测预报环境质量提供数据；

④ 为保护人类健康、保护环境，合理使用自然资源，制定环境法规、标准、规划等服务。

（二）环境监测的程序

环境监测的程序主要包括以下几个方面。

1. 受领任务

环境监测的任务主要来自环境保护主管部门的指令，单位、组织或个人的委托、申请和监测机构的安排三个方面。环境监测是一项技术性、执法性活动，所以必须要有确切的任务来源依据。

2. 明确目的

根据任务下达者的要求和需求，确定针对性较强的监测工作具体目的。

3. 现场调查

根据监测目的，进行现场调查研究，主要摸清主要污染源的来源、性质及排放规律，污染受体的性质及污染源的相对位置以及水文、地理、气象等环境条件和历史情况等。

4. 方案设计

根据现场调查情况和有关技术规范要求，认真做好监测方案设计，并据此进行现场布点作业，做好标识和必要准备工作。

5. 采集样品

按照设计方案和规定的操作程序，实施样品采集，对某些需现场处置的样品，应按规定进行处置包装，并如实记录采样实况和现场实况。

6. 运送保存

按照规范方法需求，将采集的样品和记录及时安全地送往实验室，办好交接手续。

7. 分析测试

按照规定程序和规定的分析方法，对样品进行分析，如实记录检测信息。

8. 数据处理

对测试数据进行处理和统计检验，整理入库（数据库）。

9. 综合评价

依据有关规定和标准进行综合分析，并结合现场调查资料对监测结果作出合理解释，写出研究（预测结论和对策建议）报告，并按规定程序报出。

10. 监督控制与反馈

依据主管部门指令或用户需求，对监测对象实施监督控制，保证法规政令落到实处。对监测结果的意见申诉和对策执行情况进行反馈处理，不断修正工作，提高服务质量。

（三）环境监测的要求

环境监测是环境保护技术的主要组成部分，它既为了解环境质量状况、评价环境质量提供信息，也为制定管理措施，建立各项环境保护法令、法规、条例提供决策依据。因此，环境监测工作一定要保证监测结果的准确可靠，能科学地反映实际。具体地说，环境监测的要求就是监测结果要具有以下"五性"。

1. 代表性

代表性指在有代表性的时间、地点并按有关要求采集有效样品，使采集的样品能够反映总体的真实状况。

2. 完整性

完整性强调工作总体规划切实完成，即保证按预期计划取得有系统性和连续性的有效样品，而且无缺漏地获得这些样品的监测结果及有关信息。

3. 可比性

可比性不仅要求各实验室之间对同一样品的监测结果相互可比，也要求每个实验室对同一个样品的监测结果应该达到相关项目之间的数据可比，相同项目没有特殊情况时，历年同期的数据也是可比的。

4. 准确性

准确性指测定值与真值的符合程度。

5. 精密性

精密性表现为测定值有良好的重复性和再现性。

（四）环境监测的分类

1. 按监测目的分类

（1）监视性监测（例行监测、常规监测）

监视性监测包括对污染源的监测和环境质量监测，以确定环境质量及污染源状况，评价控制措施的效果、衡量环境标准实施情况和环境保护工作的进展。这是监测工作中量最大面最广的工作。

① 污染源例行监测和监督监测　主要是掌握污染排放浓度、排放强度、负荷总量、时空变化等，为强化环境管理，贯彻落实有关标准、法规、制度等做好技术监督和提供技术支持。

② 环境质量监测　主要是指定期定点对指定范围的大气、水质、噪声、辐射、生态等各项环境质量因素状况进行监测分析，为环境管理和决策提供依据。

（2）特定目的监测（特例监测、应急监测）

① 污染事故监测　在发生污染事故时及时深入事故地点进行应急监测，确定污染物的种类、扩散方向、速度和污染程度及危害范围，查找污染发生的原因，为控制污染事故提供科学依据。这类监测常采用流动监测（车、船等）、简易监测、低空航测、遥感等手段。

② 纠纷仲裁监测　主要针对污染事故纠纷、环境执法过程中所产生的矛盾进行监测，提供公证数据。

③ 考核验证监测　包括人员考核、方法验证、新建项目的环境考核评价、排污许可证制度考核监测、"三同时"项目验收监测、污染治理项目竣工时的验收监测。

④ 咨询服务监测　为政府部门、科研机构、生产单位所提供的服务性监测。为国家政府部门制定环境保护法规、标准、规划提供基础数据和手段。如建设新企业应进行环境影响评价，需要按评价要求进行监测。

（3）研究性监测（科研监测）

针对特定目的科学研究而进行的高层次监测，是通过监测了解污染机理、弄清污染物的迁移变化规律、研究环境受到污染的程度，例如环境本底的监测及研究、有毒有害物质对从业人员的影响研究、为监测工作本身服务的科研工作的监测（如统一方法和标准分析方法的研究、标准物质研制、预防监测）等。这类研究往往要求多学科合作进行。

2. 按监测介质或对象分类

可分为水质监测、空气监测、土壤监测、固体废物监测、生物监测、噪声和振动监测、电磁辐射监测、放射性监测、热监测、光监测、卫生监测等。

二、水体污染与水质指标

（一）水体与水体污染

水体是指河流、湖泊、沼泽、地下水、冰川、海洋等"地表及地下贮水体"的总称。从自然地理角度来看，水体是指地表水覆盖地段的自然综合体，在这个综合体中，不仅有水，而且还包括水中的悬浮物及底泥、水生生物等。水体可以按"类型"区分，也可以按"区域"区分。按"类型"区分时，水体可分为海洋水体和陆地水体；陆地水体又可分为地表水体和地下水体。按区域划分的水体，是指某一具体的被水覆盖的地段，如太湖、洞庭湖、鄱阳湖，是三个不同的水体，但按陆地水体类型划分，它们同属于湖泊。又如长江、黄河、珠江，它们同为河流，而按区域划分，则分属于三个流域的三条水系。

水体污染是指排入水体的污染物在数量上超过了该物质在水体中的本底含量和水体的环境容量，从而导致水体的物理特征、化学特征和生物特征发生不良变化，破坏了水中固有的生态系统，破坏了水体的功能，从而影响水的有效利用和使用价值的现象。引起水体污染的物质叫水体污染物。

水体污染分为两类：一类是自然污染；另一类是人为污染。自然污染主要是指自然的原因造成的，由于自然污染所产生的有害物质的含量一般称为自然"本底值"或"背景值"。人为污染即指人为因素造成的水体污染。人为污染是水体污染的主要原因。

（二）水体中主要污染物

水体污染物常根据其性质的不同可分为化学、物理和生物性污染物三大类。

1. 化学性污染物

（1）无机无毒污染物

污水中的无机无毒物质大致可以分为三种类型：一是属于砂粒、矿渣一类的颗粒状的物质；二是酸碱和无机盐类；三是氮、磷等营养物质。

① 颗粒状污染物 砂粒、土粒及矿渣一类的污染物质和有机性颗粒的污染物质混在一起统称悬浮物或悬浮固体。由于悬浮固体在污水中是能看到的，而且它能使水混浊，因此，悬浮物属于感官性的污染指标。

悬浮物是水体的主要污染物之一。水体被悬浮物污染，可能造成以下主要危害：

a. 大大降低光的穿透能力，减少了水生植物的光合作用并妨碍水体的自净作用。

b. 对鱼类产生危害，可能堵塞鱼鳃，导致鱼的死亡。制浆造纸废水中的纸浆对此最为明显。

c. 水中的悬浮物又可能是各种污染物的载体，它可能吸附一部分水中的污染物并随水流动而迁移。

② 酸、碱和无机盐类污染物 水体中的酸主要来自矿山排水和工业废水，其他如金属加工、酸洗车间、黏胶纤维、染料及酸法造纸等工业都排放酸性废水。

水体中的碱主要来源于碱法造纸、化学纤维、制碱、制革及炼油等工业废水。

酸性废水与碱性废水相互中和产生各种盐类，它们与地表物质相互反应，也可能生成无机盐类，因此酸与碱的污染必然伴随着无机盐类的污染。

酸碱污染水体，使水体的pH值发生变化，腐蚀船舶和水下建筑，破坏自然缓冲作用，消灭或抑制微生物生长，妨碍水体自净，如长期遭受酸碱污染，水质逐渐恶化、周围土壤酸化，危害渔业生产。

酸碱污染不仅能改变水体的pH值，而且可大大增加水中的一般无机盐类和水的硬度。水中无机盐的存在能增加水的渗透压，对淡水生物和植物生长不利。水体的硬度增加，使工业用水的水处理费用提高。

③ 氮、磷等营养物质 营养物质是指促使水中植物生长，从而加速水体富营养化的各种物质，主要指氮和磷。

污水中的氮可分为有机氮和无机氮两类。前者是含氮化合物，如蛋白质、多肽、氨基酸和尿素等，后者指氨氮、亚硝酸态氮、硝酸态氮等，它们中大部分直接来自污水，但也有一部分是有机氮经微生物分解转化而形成。

城市生活污水中含有丰富的氮、磷，粪便是生活污水中氮的主要来源。由于使用含磷洗涤剂，所以在生活污水中也含有大量的磷。另外未被植物吸收利用的化肥绝大部分被农田排水和地表径流带至地下水和地表水中，农业废弃物（植物秸秆、牲畜粪便等）也是水体中含氮化合物的主要来源。

植物营养物污染的危害是水体富营养化，如果氮、磷等植物营养物质大量而连续地进入湖泊、水库及海湾等缓流水体，将促进各种水生生物的活性，刺激藻类的异常繁殖,这样就带来一系列严重的后果。藻类在水体中占据的空间越来越大,减小了鱼类活动的空间。藻类过度生长繁殖,造成水体中溶解氧的急剧变化,藻类的呼吸作用和死亡藻类的分解作用消耗大量的氧,使水体处于缺氧状态,影响鱼类生存。严重的还可能导致水草丛生,湖泊退化,近海则形成大面积赤潮。

(2) 无机有毒污染物

无机有毒染物主要是重金属等有潜在长期不良影响的物质及氰化物等。

重金属污染系指我国《污水综合排放标准》(GB 8978)规定的第一类污染物中的汞、烷基汞、总镉、总铬、六价铬、总砷、总铅、总镍及第二类污染中的铜、锌、锰等金属的污染。重金属在自然界分布很广泛,在自然环境的各部分均存在着本底含量,正常的天然水中重金属含量均很低,如汞的含量介于 $10^{-3} \sim 10^{-2}$ mg/L 量级之间。化石燃料的燃烧、采矿和冶炼是向环境释放重金属的最主要污染源。

重金属污染物在水体中可以氢氧化物、硫化物、硅酸盐、配位化合物或离子状态存在,其毒性以离子态最为严重;重金属不能被生物降解,有时还可转化为极毒的物质,如无机汞转化为甲基汞;且大多数重金属离子能被富集于生物体内,通过食物链危害人类。

水体中氰化物主要来源于电镀废水、焦炉和高炉的煤气洗涤冷却水、某些化工厂的含氰废水及金、银选矿废水等。

氰化物是剧毒物质,急性中毒抑制细胞呼吸,造成人体组织严重缺氧,氰对许多生物有害,能毒死水中微生物,妨碍水体自净。

(3) 有机无毒污染物 (需氧有机污染物)

生活污水、牲畜污水以及屠宰、肉类加工、罐头等食品工业、制革、造纸等工业废水中所含碳水化合物、蛋白质、脂肪等有机物可在微生物的作用下进行分解,在分解过程中,需要消耗氧气,故称为需氧有机物。

如果这类有机物排入水体过多,将会大量消耗水体中的溶解氧,造成缺氧,从而影响水中鱼类和其他水生生物的生长。水中溶解氧耗尽后,有机物将进行厌氧分解而产生大量硫化氢、氨、硫醇等难闻物质,使水质变黑发臭,使水质进一步恶化。需氧污染物是目前水体中量最大、最经常和面最广的一种污染物质。

(4) 有机有毒污染物

水体中有机有毒污染物的种类很多,大多属于人工合成的有机物质,如农药(DDT、六六六等有机氯农药)、醛、酮、酚以及多氯联苯、多环芳烃、芳香族氨基化合物等,这类物质主要来源于石油化学工业的合成生产过程及有关的产品使用过程中排放出的废水。

这类污染物大多比较稳定,不易被微生物降解,所以又称为难降解有机污染物。如有机农药在环境中的半衰期为十几年到几十年，它们都危害人体健康，有些还具有致癌、致畸、致遗传变异作用。如多氯联苯是较强的致癌物质，水生生物对有机氯农药有很强的富集能力，在水生生物体内的有机氯农药含量可比水中含量高几千到几百万倍，通过食物链进入人体，达到一定浓度后，显示出对人体的毒害作用。

（5）石油类污染物

近年来，石油及石油类制品对水体的污染比较突出，在石油开采、运输、炼制和使用过程中，排出的废油和含油废水使水体遭受污染。石油化工、机械制造行业排放的废水也含有各种油类。

石油进入海洋后不仅影响海洋生物的生长、降低海滨环境的使用价值、破坏海岸设施，还可能影响局部地区的水文气象条件和降低海洋的自净能力。

2. 物理性污染物

（1）热污染

因能源的消费而引起环境增温效应的污染叫热污染。水体热污染主要来源于工矿企业向江河排放的冷却水。其中以电力工业为主，其次是冶金、化工、石油、建材、机械等工业，如一般以煤为燃料的大电站通常只有40%的热能转变为电能，剩余的热能则随冷却水带走进入水体或大气。

热污染致使水体水温升高，增加水体中化学反应速率，会使水体中有毒物质对生物的毒性提高，如当水温从8℃升高到18℃时，氰化钾对鱼类的毒性提高一倍；水温升高会降低水生生物的繁殖率，此外水温升高可使一些藻类繁殖加快，加速水体"富营养化"的过程，使水体中溶解氧下降，破坏水体的生态和影响水体的使用价值。

（2）放射性污染

水中所含有的放射性核素构成一种特殊的污染，它们总称放射性污染。核武器试验是全球放射性污染的主要来源，原子能工业特别是原子能电力工业的发展致使水体的放射性物质含量日益增高，铀矿开采、提炼、转化、浓缩过程均产生放射性废水和废物。

污染水体最危险的放射性物质有锶-90、铯-137等，这些物质半衰期长，化学性能与人体组织的主要元素钙和钾相似，经水和食物进入人体后，能在一定部位积累，从而增加人体的放射线辐射，严重时可引起遗传变异或癌症。

3. 生物性污染物

各种病菌、病毒等致病微生物、寄生虫等都属于生物性污染物，它们主要来自生活污水、医院污水、制革、屠宰及畜牧污水。

生物性污染物的特点是数量大、分布广、存活时间长、繁殖速度快，易产生抗药性。一般的污水处理不能彻底消灭微生物，这类微生物进入人体后，一旦条件适合，会引起疾病。常见的病菌有大肠杆菌、绿脓杆菌等；病毒有肝炎病毒、感冒病毒等；寄生虫有血吸虫、蛔虫等。对于人类，上述病原微生物引起传染病的发病率和死亡率都很高。

水质监测中常用细菌总数和大肠杆菌总数作为致病微生物污染的衡量指标。

(三) 水质指标

水广泛应用于工农业生产和人民生活中。人们在利用水时，要求水必须符合一定的质量标准要求。由于水中含有各种成分，其含量不同时，水的感观性状（色、嗅、浑浊度等）、物理化学性质（温度、pH、电导率、放射性、硬度等）、生物组成（种类、数量、形态等）和底质情况也就不同，这种由水和水中所含的杂质共同表现出来的综合特性即为水质。描述水质质量的参数就是水质指标，即水质指标是水中杂质的具体衡量尺度。水质指标数目繁多，因用途的不同而各异，根据杂质的性质不同可分为物理性水质指标、化学性水质指标和生物性水质指标三大类。

1. 物理性水质指标

（1）温度

许多工业企业排出的废水都有较高的温度，这些废水排入水体使水温升高，引起水体的热污染。水温升高影响水生生物的生存和对水资源的利用。氧气在水中的溶解度随水温的升高而减小。这样，一方面水中溶解氧减少，另一方面水温升高加速耗氧反应，最终导致水体缺氧或水质恶化。

（2）色度

色度是一项感官性指标。一般纯净的天然水是清澈透明的，即无色的。但带有金属化合物或有机化合物等有色污染物的污水呈各种颜色。

（3）嗅和味

嗅和味同色度一样也是感官性指标，可定性反映某种污染物的多寡。天然水是无嗅无味的。当水体受到污染后会产生异样的气味。水的异臭来源于还原性硫和氮的化合物、挥发性有机物和氯气等污染物质。不同盐分会给水带来不同的异味。如氯化钠带咸味，硫酸镁带苦味，硫酸钙略带甜味等。

（4）固体物质

水中所有残渣的总和称为总固体（TS），总固体包括溶解性固体（DS）和悬浮固体（SS）。水样经过过滤后，滤液蒸干所得的固体即为溶解性固体，滤渣脱水烘干后即是悬浮固体。固体残渣根据挥发性能可分为挥发性固体（VS）和固定性固体（FS）。将固体在600℃的温度下灼烧，挥发掉的量即是挥发性固体，灼烧残渣则是固定性固体。溶解性固体表示盐类的含量，悬浮固体表示水中不溶解的固态物质的量，挥发性固体反映固体中有机成分的量。

2. 化学性水质指标

（1）有机物指标

生活污水和某些工业废水中所含的碳水化合物、蛋白质、脂肪等有机化合物在微生物作用下最终分解为简单的无机物质、二氧化碳和水等。这些有机物在分解过程中需要消耗大量的氧，故属耗氧污染物。耗氧有机污染物是使水体产生黑臭的主要原因之一。

污水的有机污染物的组成较复杂，现有技术难以分别测定各类有机物的含量，通常也没有必要。从水体有机污染物看，其主要危害是消耗水中溶解氧。在实际工作中一般采用生物化学需氧量、化学需氧量、总有机碳、总需氧量等指标来反映水中需氧有机物的含量。

① 生物化学需氧量（BOD） 简称生化需氧量。是指在规定的条件下，微生物分解一定体积水中的某些可被氧化物质，特别是有机物质所消耗的溶解氧的数量。在 BOD 的测量中，通常规定使用 20℃、5 天的测试条件，并将结果以氧的浓度（mg/L）表示，记为五日生化需氧量（BOD_5）。它是反映水中有机污染物含量的一个综合指标。

② 化学需氧量（COD） 是以化学方法测量水样中需要被氧化的还原性物质的量。水样在一定条件下，以氧化 1L 水样中还原性物质所消耗的氧化剂的量为指标，折算成每升水样全部被氧化后，需要的氧的质量（mg），以 mg/L 表示。它反映了水中受还原性物质污染的程度。该指标也作为有机物相对含量的综合指标之一。

③ 总有机碳（TOC） 是指水体中溶解性和悬浮性有机物含碳的总量。水中有机物的种类很多，目前还不能全部进行分离鉴定。

④ 总需氧量（TOD） 是指水中能被氧化的物质，主要是有机物质在燃烧中变成稳定的氧化物时所需要的氧，结果以 O_2 的浓度（mg/L）表示。

（2）无机物指标

① 植物营养元素 污水中的 N、P 为植物营养元素，从农作物生长角度看，植物营养元素是宝贵的物质，但过多的 N、P 进入天然水体却易导致富营养化。水体中氮、磷含量的高低与水体富营养化程度有密切关系。

② pH 值 主要是指示水样的酸碱性。

③ 重金属 重金属主要是指汞、镉、铅、铬、镍，以及类金属砷等生物毒性显著的元素，也包括具有一定毒害性的一般重金属，如锌、铜、钴、锡等。

3. 生物性水质指标

（1）细菌总数

水中细菌总数反映了水体受细菌污染的程度。细菌总数不能说明污染的来源，必须结合大肠菌群数来判断水体污染的来源和安全程度。

（2）大肠菌群

水是传播肠道疾病的一种重要媒介，而大肠菌群被视为最基本的粪便传染指示菌群。大肠菌群的值可表明水样被粪便污染的程度，间接表明有肠道病菌（伤寒、痢疾、霍乱等）存在的可能性。

思 考 题

1. 环境监测有哪些基本程序？
2. 环境监测有哪些基本要求？
3. 什么是水体？什么叫水体污染和水体污染物？
4. 水体污染分为哪几种类型？
5. 水质指标有哪几种类型？试举例说明。
6. 水体污染物分为哪几类？分别有何危害？

项目二　水环境标准

水的用途很广，无论是作为生活饮用水、工业用水、农业灌溉用水或是渔业用水等用途，都有一定的水质要求。由于用途不同，必须建立起相应的物理、化学、生物学的质量标准，对水中的杂质加以一定的限制，这就是水质的标准。水质标准包括水环境质量标准和排放标准。

一、水环境质量标准

我国已颁布的水环境质量标准有地表水环境质量标准、海水水质标准、生活饮用水卫生标准、渔业水质标准、景观娱乐用水水质标准、农田灌溉水质标准、地下水质量标准等。本节以《地表水环境质量标准》（GB 3838—2002）为例介绍水环境质量标准。

本标准将标准项目分为地表水环境质量标准基本项目、集中式生活饮用水地表水源地补充项目和集中式生活饮用水地表水源地特定项目。地表水环境质量标准基本项目适用于全国江河、湖泊、运河、渠道、水库等具有使用功能的地表水水域；集中式生活饮用水地表水源地补充项目和特定项目适用于集中式生活饮用水地表水源地一级保护区和二级保护区。集中式生活饮用水地表水源地特定项目由县级以上人民政府环境保护行政主管部门根据本地区地表水水质特点和环境管理的需要进行选择，集中式生活饮用水地表水源地补充项目和选择确定的特定项目作为基本项目的补充指标。

本标准项目共计109项，其中地表水环境质量标准基本项目24项，集中式生活饮用水地表水源地补充项目5项，集中式生活饮用水地表水源地特定项目80项。

1. 标准适用范围

① 本标准按照地表水环境功能分类和保护目标,规定了水环境质量应控制的项目及限值,以及水质评价、水质项目的分析方法和标准的实施与监督。

② 本标准适用于中华人民共和国领域内江河、湖泊、运河、渠道、水库等具有使用功能地表水水域。具有特定功能的水域,执行相应的专业用水水质标准。

2. 水域功能和标准分类

依据地表水水域环境功能和保护目标,按功能高低依次划分为五类:

Ⅰ类　主要适用于源头水、国家自然保护区;

Ⅱ类　主要适用于集中式生活饮用水地表水源地一级保护区、珍稀水生生物栖息地、鱼类产卵场、仔稚幼鱼的索饵场等;

Ⅲ类　主要适用于集中式生活饮用水地表水源地二级保护区、鱼虾类越冬场、洄游通道、水产养殖区等渔业水域及游泳区;

Ⅳ类　主要适用于一般工业用水区及人体非直接接触的娱乐用水区;

Ⅴ类　主要适用于农业用水区及一般景观要求水域。

对应地表水上述五类水域功能,将地表水环境质量标准基本项目标准值分为五类,水域不同功能类别分别执行相应类别的标准值。水域功能类别高的标准值严于水域功能类别低的标准值。同一水域兼有多类使用功能的,执行最高功能类别对应的标准值。水域实现某类水域功能与水域达到某类功能类别标准为同一含义。

3. 标准值

① 地表水环境质量标准基本项目标准限值见表1-1。

② 集中式生活饮用水地表水源地补充项目标准限值见表1-2。

③ 集中式生活饮用水地表水源地特定项目标准限值见表1-3。

表1-1　地表水环境质量标准基本项目标准限值　　单位:mg/L

序号	标准值分类项目		Ⅰ类	Ⅱ类	Ⅲ类	Ⅳ类	Ⅴ类
1	水温/℃		人为造成的环境水温变化应限制在: 周平均最大温升≤1　　周平均最大温降≤2				
2	pH值(无量纲)		6~9				
3	溶解氧	≥	饱和率90% (或7.5)	6	5	3	2
4	高锰酸盐指数	≤	2	4	6	10	15
5	化学需氧量(COD)	≤	15	15	20	30	40
6	五日生化需氧量(BOD_5)	≤	3	3	4	6	10
7	氨氮(NH_3-N)		0.15	0.5	1.0	1.5	2.0
8	总磷(以P计)	≤	0.02 (湖、库0.01)	0.1 (湖、库0.025)	0.2 (湖、库0.05)	0.3 (湖、库0.1)	0.4 (湖、库0.2)

续表

序号	标准值分类项目		I类	II类	III类	IV类	V类
9	总氮(湖、库,以N计)	≤	0.2	0.5	1.0	1.5	2.0
10	铜	≤	0.01	1.0	1.0	1.0	1.0
11	锌	≤	0.05	1.0	1.0	2.0	2.0
12	氟化物(以F^-计)	≤	1.0	1.0	1.0	1.5	1.5
13	硒	≤	0.01	0.01	0.01	0.02	0.02
14	砷	≤	0.05	0.05	0.05	0.1	0.1
15	汞	≤	0.00005	0.00005	0.0001	0.001	0.001
16	镉	≤	0.001	0.005	0.005	0.005	0.01
17	铬(六价)	≤	0.01	0.05	0.05	0.05	0.1
18	铅	≤	0.01	0.01	0.05	0.05	0.1
19	氰化物	≤	0.005	0.05	0.2	0.2	0.2
20	挥发酚	≤	0.002	0.002	0.005	0.01	0.1
21	石油类	≤	0.05	0.05	0.05	0.5	1.0
22	阴离子表面活性剂	≤	0.2	0.2	0.2	0.3	0.3
23	硫化物	≤	0.05	0.1	0.5	0.5	1.0
24	粪大肠菌群/(个/L)	≤	200	2000	10000	20000	40000

表 1-2 集中式生活饮用水地表水源地补充项目标准限值 单位：mg/L

序号	项目	标准值	序号	项目	标准值
1	硫酸盐(以SO_4^{2-}计)	250	4	铁	0.3
2	氯化物(以Cl^-计)	250	5	锰	0.1
3	硝酸盐(以N计)	10			

表 1-3 集中式生活饮用水地表水源地特定项目标准限值 单位：mg/L

序号	项目	标准值	序号	项目	标准值
1	三氯甲烷	0.06	8	1,1-二氯乙烯	0.03
2	四氯化碳	0.002	9	1,2-二氯乙烯	0.05
3	三溴甲烷	0.1	10	三氯乙烯	0.07
4	二氯甲烷	0.02	11	四氯乙烯	0.04
5	1,2-二氯乙烷	0.03	12	氯丁二烯	0.002
6	环氧氯丙烷	0.02	13	六氯丁二烯	0.0006
7	氯乙烯	0.005	14	苯乙烯	0.02

续表

序号	项 目	标准值	序号	项 目	标准值
15	甲醛	0.9	46	四乙基铅	0.0001
16	乙醛	0.05	47	吡啶	0.2
17	丙烯醛	0.1	48	松节油	0.2
18	三氯乙醛	0.01	49	苦味酸	0.5
19	苯	0.01	50	丁基黄原酸	0.005
20	甲苯	0.7	51	活性氯	0.01
21	乙苯	0.3	52	滴滴涕	0.001
22	二甲苯①	0.5	53	林丹	0.002
23	异丙苯	0.25	54	环氧七氯	0.0002
24	氯苯	0.3	55	对硫磷	0.003
25	1,2-二氯苯	1.0	56	甲基对硫磷	0.002
26	1,4-二氯苯	0.3	57	马拉硫磷	0.05
27	三氯苯②	0.02	58	乐果	0.08
28	四氯苯③	0.02	59	敌敌畏	0.05
29	六氯苯	0.05	60	敌百虫	0.05
30	硝基苯	0.017	61	内吸磷	0.03
31	二硝基苯④	0.5	62	百菌清	0.01
32	2,4-硝基甲苯	0.0003	63	甲萘威	0.05
33	2,4,6-三硝基甲苯	0.5	64	溴氰菊酯	0.02
34	硝基氯苯⑤	0.05	65	阿特拉津	0.003
35	2,4-硝基氯苯	0.5	66	苯并[a]芘	2.8×10^{-6}
36	2,4-二氯苯酚	0.093	67	甲基汞	1.0×10^{-6}
37	2,4,6-三氯苯酚	0.2	68	多氯联苯⑥	2.0×10^{-5}
38	五氯酚	0.009	69	微囊藻毒素-LR	0.001
39	苯胺	0.1	70	黄磷	0.003
40	联苯胺	0.0002	71	钼	0.07
41	丙烯酰胺	0.0005	72	钴	1.0
42	丙烯腈	0.1	73	铍	0.002
43	邻苯二甲酸二丁酯	0.003	74	硼	0.5
44	邻苯二甲酸二(2-乙基己基)酯	0.008	75	锑	0.005
45	水合肼	0.01	76	镍	0.02

续表

序号	项　　目	标准值	序号	项　　目	标准值
77	钡	0.7	79	钛	0.1
78	钒	0.05	80	铊	0.0001

① 二甲苯:指对二甲苯、间二甲苯、邻二甲苯。
② 三氯苯:指1,2,3-三氯苯、1,2,4-三氯苯、1,3,5-三氯苯。
③ 四氯苯:指1,2,3,4-四氯苯、1,2,3,5-四氯苯、1,2,4,5-四氯苯。
④ 二硝基苯:指对二硝基苯、间二硝基苯、邻二硝基苯。
⑤ 硝基氯苯:指对硝基氯苯、间硝基氯苯、邻硝基氯苯。
⑥ 多氯联苯:指 PCB-1016、PCB-1221、PCB-1232、PCB-1242、PCB-1248、PCB-1254、PCB-1260。

二、排放标准

我国现已颁布的排放标准包括污水综合排放标准和不同行业废水排放标准。本节以《污水综合排放标准》（GB 8978）为例介绍排放标准。

1. 标准适用范围

标准适用于现有单位水污染物的排放管理，以及建设项目的环境影响评价、建设项目环境保护设施设计、竣工验收及其投产后的排放管理。

按照国家综合排放标准与国家行业排放标准不交叉执行的原则，造纸工业执行《制浆造纸工业水污染物排放标准》(GB 3544)，船舶执行《船舶污染物排放标准》(GB 3552)，船舶工业执行《船舶工业污染物排放标准》(GB 4286)，海洋石油开发工业执行《海洋石油勘探开发污染物排放浓度限值》(GB 4914)，纺织染整工业执行《纺织染整工业水污染物排放标准》(GB 4287)，肉类加工工业执行《肉类加工工业水污染物排放标准》(GB 13457)，合成氨工业执行《合成氨工业水污染物排放标准》(GB 13458)，钢铁工业执行《钢铁工业水污染物排放标准》(GB 13456)，航天推进剂使用执行《航天推进剂水污染物排放标准》(GB 14374)，兵器工业执行《兵器工业水污染物排放标准》(GB 14470.1～14470.3 和 GB 4274～4279)，磷肥工业执行《磷肥工业水污染物排放标准》(GB 15580)，烧碱、聚氯乙烯工业执行《烧碱、聚氯乙烯工业水污染物排放标准》(GB 15581)，其他水污染物排放均执行本标准。

2. 标准分级

(1) 排入 GB 3838 Ⅲ 类水域（划定的保护区和游泳区除外）和排入海水水质标准中二类海域的污水，执行一级标准。

(2) 排入 GB 3838 中 Ⅳ、Ⅴ 类水域和排入海水水质标准中三类海域的污水执行二级标准。

(3) 排入设置二级污水处理厂的城镇排水系统的污水执行三级标准。

（4）排入未设置二级污水处理厂的城镇排水系统的污水，必须根据排水系统出水受纳水域的功能要求，分别执行（1）和（2）的规定。

（5）GB 3838 中Ⅰ、Ⅱ类水域和Ⅲ类水域中划定的保护区和海水水质标准中一类海域，禁止新建排污口，现有排污口应按水体功能要求，实行污染物总量控制，以保证受纳水体水质符合规定用途的水质标准。

3. 标准值

（1）排放的污染物按其性质及控制方式分类

① 第一类污染物，不分行业和污水排放方式，也不分受纳水体的功能类别，一律在车间或车间处理设施排放口采样，其最高允许排放浓度必须达到标准要求（采矿行业的尾矿坝出水口不得视为车间排放口）。

② 第二类污染物，在排污单位排放口采样，其最高允许排放浓度必须达到标准要求。

（2）按年限规定了污染物最高允许排放浓度及部分行业最高允许排放量

① 1997 年 12 月 31 日之前建设（包括改、扩建）的单位，水污染物的排放必须同时执行表 1-4、表 1-5 的规定。

② 1998 年 1 月 1 日起建设（包括改、扩建）的单位，水污染物的排放必须同时执行表 1-4、表 1-6 的规定。

③ 建设（包括改、扩建）单位的建设时间，以环境影响评价报告书（表）批准日期为准划分。

④ 部分行业最高允许排水量分别见表 1-7 和表 1-8。

表 1-4　第一类污染物最高允许排放浓度　　　　　单位：mg/L

序号	污染物	最高允许排放浓度	序号	污染物	最高允许排放浓度
1	总汞	0.05	8	总镍	1.0
2	烷基汞	不得检出	9	苯并[a]芘	0.00003
3	总镉	0.1	10	总铍	0.005
4	总铬	1.5	11	总银	0.5
5	六价铬	0.5	12	总α放射性	1Bq/L
6	总砷	0.5	13	总β放射性	10Bq/L
7	总铅	1.0			

表 1-5　第二类污染物最高允许排放浓度（1997 年 12 月 31 日之前建设的单位）

单位：mg/L

序号	污染物	适用范围	一级标准	二级标准	三级标准
1	pH	一切排污单位	6~9	6~9	6~9
2	色度（稀释倍数）	染料工业	50	180	—
		其他排污单位	50	80	—

续表

序号	污染物	适用范围	一级标准	二级标准	三级标准
3	悬浮物(SS)	采矿、选矿、选煤工业	100	300	—
		脉金选矿	100	500	—
		边远地区砂金选矿	100	800	—
		城镇二级污水处理厂	20	30	—
		其他排污单位	70	200	400
4	五日生化需氧量（BOD_5）	甘蔗制糖、苎麻脱胶、湿法纤维板工业	30	100	600
		甜菜制糖、酒精、味精、皮革、化纤浆粕工业	30	150	600
		城镇二级污水处理厂	20	30	—
		其他排污单位	30	60	300
5	化学需氧量（COD）	甜菜制糖、焦化、合成脂肪酸、湿法纤维板、染料、洗毛、有机磷农药工业	100	200	1000
		味精、酒精、医药原料药、生物制药、苎麻脱胶、皮革、化纤浆粕工业	100	300	1000
		石油化工工业(包括石油炼制)	100	150	500
		城镇二级污水处理厂	60	120	—
		其他排污单位	100	150	500
6	石油类	一切排污单位	10	10	30
7	动植物油	一切排污单位	20	20	100
8	挥发酚	一切排污单位	0.5	0.5	2.0
9	总氰化物	电影洗片(铁氰化合物)	0.5	5.0	5.0
		其他排污单位	0.5	0.5	1.0
10	硫化物	一切排污单位	1.0	1.0	2.0
11	氨氮	医药原料药、染料、石油化工工业	15	50	—
		其他排污单位	15	25	—
12	氟化物	黄磷工业	10	20	20
		低氟地区(水体含氟量<0.5mg/L)	10	20	30
		其他排污单位	10	10	20
13	磷酸盐(以 P 计)	一切排污单位	0.5	1.0	—
14	甲醛	一切排污单位	1.0	2.0	5.0
15	苯胺类	一切排污单位	1.0	2.0	5.0
16	硝基苯类	一切排污单位	2.0	3.0	5.0

续表

序号	污染物	适用范围	一级标准	二级标准	三级标准
17	阴离子表面活性剂（LAS）	合成洗涤剂工业	5.0	15	20
		其他排污单位	5.0	10	20
18	总铜	一切排污单位	0.5	1.0	2.0
19	总锌	一切排污单位	2.0	5.0	5.0
20	总锰	合成脂肪酸工业	2.0	5.0	5.0
		其他排污单位	2.0	2.0	5.0
21	彩色显影剂	电影洗片	2.0	3.0	5.0
22	显影剂及氧化物总量	电影洗片	3.0	6.0	6.0
23	元素磷	一切排污单位	0.1	0.3	0.3
24	有机磷农药（以P计）	一切排污单位	不得检出	0.5	0.5
25	粪大肠菌群数	医院①、兽医院及医疗机构含病原体污水	500个/L	1000个/L	5000个/L
		传染病、结核病医院污水	100个/L	500个/L	1000个/L
26	总余氯（采用氯化消毒的医院污水）	医院①、兽医院及医疗机构含病原体污水	<0.5②	≥3（接触时间≥1h）	≥2（接触时间≥1h）
		传染病、结核病医院污水	<0.5②	≥6.5（接触时间≥1.5h）	≥5（接触时间≥1.5h）

① 指50个床位以上的医院。
② 加氯消毒后须进行脱氯处理，达到本标准。

表1-6 第二类污染物最高允许排放浓度（1998年1月1日起建设的单位）

单位：mg/L

序号	污染物	适用范围	一级标准	二级标准	三级标准
1	pH	一切排污单位	6～9	6～9	6～9
2	色度(稀释倍数)	一切排污单位	50	80	—
3	悬浮物（SS）	采矿、选矿、选煤工业	70	300	—
		脉金选矿	70	400	—
		边远地区砂金选矿	70	800	—
		城镇二级污水处理厂	20	30	—
		其他排污单位	70	150	400
4	五日生化需氧量（BOD$_5$）	甘蔗制糖、苎麻脱胶、湿法纤维板、染料、洗毛工业	20	60	600
		甜菜制糖、酒精、味精、皮革、化纤浆粕工业	20	100	600
		城镇二级污水处理厂	20	30	—
		其他排污单位	20	30	300

续表

序号	污染物	适用范围	一级标准	二级标准	三级标准
5	化学需氧量（COD）	甜菜制糖、合成脂肪酸、湿法纤维板、染料、洗毛、有机磷农药工业	100	200	1000
		味精、酒精、医药原料药、生物制药、苎麻脱胶、皮革、化纤浆粕工业	100	300	1000
		石油化工工业（包括石油炼制）	60	120	—
		城镇二级污水处理厂	60	120	500
		其他排污单位	100	150	500
6	石油类	一切排污单位	5	10	20
7	动植物油	一切排污单位	10	15	100
8	挥发酚	一切排污单位	0.5	0.5	2.0
9	总氰化合物	一切排污单位	0.5	0.5	1.0
10	硫化物	一切排污单位	1.0	1.0	1.0
11	氨氮	医药原料药、染料、石油化工工业	15	50	—
		其他排污单位	15	25	—
12	氟化物	黄磷工业	10	15	20
		低氟地区（水体含氟量<0.5mg/L）	10	20	30
		其他排污单位	10	10	20
13	磷酸盐（以P计）	一切排污单位	0.5	1.0	—
14	甲醛	一切排污单位	1.0	2.0	5.0
15	苯胺类	一切排污单位	1.0	2.0	5.0
16	硝基苯类	一切排污单位	2.0	3.0	5.0
17	阴离子表面活性剂(LAS)	一切排污单位	5.0	10	20
18	总铜	一切排污单位	0.5	1.0	2.0
19	总锌	一切排污单位	2.0	5.0	5.0
20	总锰	合成脂肪酸工业	2.0	5.0	5.0
		其他排污单位	2.0	2.0	5.0
21	彩色显影剂	电影洗片	1.0	2.0	3.0
22	显影剂及氧化物总量	电影洗片	3.0	3.0	6.0
23	元素磷	一切排污单位	0.1	0.1	0.3
24	有机磷农药（以P计）	一切排污单位	不得检出	0.5	0.5

续表

序号	污染物	适用范围	一级标准	二级标准	三级标准
25	乐果	一切排污单位	不得检出	1.0	2.0
26	对硫磷	一切排污单位	不得检出	1.0	2.0
27	甲基对硫磷	一切排污单位	不得检出	1.0	2.0
28	马拉硫磷	一切排污单位	不得检出	5.0	10
29	五氯酚及五氯酚钠（以五氯酚计）	一切排污单位	5.0	8.0	10
30	可吸附有机卤化物（AOX）（以Cl计）	一切排污单位	1.0	5.0	8.0
31	三氯甲烷	一切排污单位	0.3	0.6	1.0
32	四氯化碳	一切排污单位	0.03	0.06	0.5
33	三氯乙烯	一切排污单位	0.3	0.6	1.0
34	四氯乙烯	一切排污单位	0.1	0.2	0.5
35	苯	一切排污单位	0.1	0.2	0.5
36	甲苯	一切排污单位	0.1	0.2	0.5
37	乙苯	一切排污单位	0.4	0.6	1.0
38	邻二甲苯	一切排污单位	0.4	0.6	1.0
39	对二甲苯	一切排污单位	0.4	0.6	1.0
40	间二甲苯	一切排污单位	0.4	0.6	1.0
41	氯苯	一切排污单位	0.2	0.4	1.0
42	邻二氯苯	一切排污单位	0.4	0.6	1.0
43	对二氯苯	一切排污单位	0.4	0.6	1.0
44	对硝基氯苯	一切排污单位	0.5	1.0	5.0
45	2,4-二硝基氯苯	一切排污单位	0.5	1.0	5.0
46	苯酚	一切排污单位	0.3	0.4	1.0
47	间甲酚	一切排污单位	0.1	0.2	0.5
48	2,4-二氯酚	一切排污单位	0.6	0.8	1.0
49	2,4,6-三氯酚	一切排污单位	0.6	0.8	1.0
50	邻苯二甲酸二丁酯	一切排污单位	0.2	0.4	2.0
51	邻苯二甲酸二辛酯	一切排污单位	0.3	0.6	2.0
52	丙烯腈	一切排污单位	2.0	5.0	5.0

续表

序号	污染物	适用范围	一级标准	二级标准	三级标准
53	总硒	一切排污单位	0.1	0.2	0.5
54	粪大肠菌群数	医院①、兽医院及医疗机构含病原体污水	500个/L	1000个/L	5000个/L
		传染病、结核病医院污水	100个/L	500个/L	1000个/L
55	总余氯(采用氯化消毒的医院污水)	医院①、兽医院及医疗机构含病原体污水	<0.5②	>3(接触时间≥1h)	>2(接触时间≥1h)
		传染病、结核病医院污水	<0.5②	>6.5(接触时间≥1.5h)	>5(接触时间≥1.5h)
56	总有机碳(TOC)	合成脂肪酸工业	20	40	—
		苎麻脱胶工业	20	60	—
		其他排污单位	20	30	—

① 指50个床位以上的医院。
② 加氯消毒后须进行脱氯处理,达到本标准。
注:其他排污单位指除在该控制项目中所列行业以外的一切排污单位。

表1-7 部分行业最高允许排水量(1997年12月31日之前建设的单位)

序号	行业类别			最高允许排水量或最低允许水重复利用率
1	矿山工业	有色金属系统选矿		水重复利用率75%
		其他矿山工业采矿、选矿、选煤等		水重复利用率90%(选煤)
		脉金选矿	重选	16.0m³/t(矿石)
			浮选	9.0m³/t(矿石)
			氰化	8.0m³/t(矿石)
			碳浆	8.0m³/t(矿石)
2	焦化企业(煤气厂)			1.2m³/t(焦炭)
3	有色金属冶炼及金属加工			水重复利用率80%
4	石油炼制工业(不包括直排水炼油厂)加工深度分类: A. 燃料型炼油; B. 燃料+润滑油型炼油厂; C. 燃料+润滑油型+炼油化工型炼油厂(包括加工高含硫原油页岩油和石油添加剂生产基地的炼油厂)		A	>500万吨,1.0m³/t(原油) 250万~500万吨,1.2m³/t(原油) <250万吨,1.5m³/t(原油)
			B	>500万吨,1.5m³/t(原油) 250万~500万吨,2.0m³/t(原油) <250万吨,2.0m³/t(原油)
			C	>500万吨,2.0m³/t(原油) 250万~500万吨,2.5m³/t(原油) <250万吨,2.5m³/t(原油)
5	合成洗涤剂工业	氯化法生产烷基苯		200.0m³/t(烷基苯)
		裂解法生产烷基苯		70.0m³/t(烷基苯)
		烷基苯生产合成洗涤剂		10.0m³/t(产品)

续表

序号	行业类别		最高允许排水量或最低允许水重复利用率
6	合成脂肪酸工业		200.0m³/t(产品)
7	湿法生产纤维板工业		30.0m³/t(板)
8	制糖工业	甘蔗制糖	10.0m³/t(甘蔗)
		甜菜制糖	4.0m³/t(甜菜)
9	皮革工业	猪盐湿皮	60.0m³/t(原皮)
		牛干皮	100.0m³/t(原皮)
		羊干皮	150.0m³/t(原皮)
10	发酵酿造工业	酒精工业 以玉米为原料	150.0m³/t(酒精)
		酒精工业 以薯类为原料	100m³/t(酒精)
		酒精工业 以糖蜜为原料	80.0m³/t(酒)
		味精工业	600m³/t(味精)
		啤酒工业(排水量不包括麦芽水部分)	16.0m³/t(啤酒)
11	铬盐工业		5.0m³/t(产品)
12	硫酸工业(水洗法)		15.0m³/t(硫酸)
13	苎麻脱胶工业		500m³/t(原麻)或750m³/t(精干麻)
14	化纤浆粕		本色:150m³/t(浆);漂白:240m³/t(浆)
15	黏胶纤维工业(单纯纤维)	短纤维(棉型中长纤维、毛型中长纤维)	300m³/t(纤维)
		长纤维	800m³/t(纤维)
16	铁路货车洗刷		5.0m³/辆
17	电影洗片		5m³/1000m(35mm的胶片)
18	石油沥青工业		冷却池的水循环利用率95%

表 1-8 部分行业最高允许排水量(1998年1月1日起建设的单位)

序号	行业类别		最高允许排水量或最低允许排水重复利用率
1	矿山工业	有色金属系统选矿	水重复利用率75%
		其他矿山工业采矿、选矿、选煤等	水重复利用率90%(选煤)
		脉金选矿 重选	16.0m³/t(矿石)
		脉金选矿 浮选	9.0m³/t(矿石)
		脉金选矿 氰化	8.0m³/t(矿石)
		脉金选矿 碳浆	8.0m³/t(矿石)

续表

序号	行业类别		最高允许排水量或最低允许排水重复利用率	
2	焦化企业(煤气厂)		1.2 m³/t(焦炭)	
3	有色金属冶炼及金属加工		水重复利用率80%	
4	石油炼制工业(不包括直排水炼油厂)加工深度分类： A. 燃料型炼油厂； B. 燃料＋润滑油型炼油厂； C. 燃料＋润滑油型＋炼油化工型炼油厂（包括加工高含硫原油页岩油和石油添加剂生产基地的炼油厂）	A	>500万吨,1.0 m³/t(原油) 250万～500万吨,1.2 m³/t(原油) <250万吨,1.5 m³/t(原油)	
		B	>500万吨,1.5 m³/t(原油) 250万～500万吨,2.0 m³/t(原油) <250万吨,2.0 m³/t(原油)	
		C	>500万吨,2.0 m³/t(原油) 250万～500万吨,2.5 m³/t(原油) <250万吨,2.5 m³/t(原油)	
5	合成洗涤剂工业	氯化法生产烷基苯	200.0 m³/t(烷基苯)	
		裂解法生产烷基苯	70.0 m³/t(烷基苯)	
		烷基苯生产合成洗涤剂	10.0 m³/t(产品)	
6	合成脂肪酸工业		200.0 m³/t(产品)	
7	湿法生产纤维板工业		30.0 m³/t(板)	
8	制糖工业	甘蔗制糖	10.0 m³/t	
		甜菜制糖	4.0 m³/t	
9	皮革工业	猪盐湿皮	60.0 m³/t	
		牛干皮	100.0 m³/t	
		羊干皮	150.0 m³/t	
10	发酵、酿造工业	酒精工业 以玉米为原料	100.0 m³/t	
		酒精工业 以薯类为原料	80.0 m³/t	
		酒精工业 以糖蜜为原料	70.0 m³/t	
		味精工业	600.0 m³/t	
		啤酒行业 (排水量不包括麦芽水部分)	16.0 m³/t	
11	铬盐工业		5.0 m³/t（产品）	
12	硫酸工业(水洗法)		15.0 m³/t(硫酸)	
13	苎麻脱胶工业		500 m³/t(原麻)	
			750 m³/t(精干麻)	
14	黏胶纤维工业单纯纤维	短纤维 (棉型中长纤维、毛型中长纤维)	300.0 m³/t(纤维)	
		长纤维	800.0 m³/t(纤维)	

续表

序号	行业类别		最高允许排水量或最低允许排水重复利用率
15	化纤浆粕		本色：150 m³/t(浆)；漂白：240 m³/t(浆)
16	制药工业医药原料药	青霉素	4700m³/t(青霉素)
		链霉素	1450m³/t(链霉素)
		土霉素	1300m³/t(土霉素)
		四环素	1900m³/t(四环素)
		洁霉素	9200m³/t(洁霉素)
		金霉素	3000m³/t(金霉素)
		庆大霉素	20400m³/t(庆大霉素)
		维生素 C	1200m³/t(维生素 C)
		氯霉素	2700m³/t(氯霉素)
		新诺明	2000m³/t(新诺明)
		维生素 B_1	3400m³/t(维生素 B_1)
		安乃近	180m³/t(安乃近)
		非那西汀	750m³/t(非那西汀)
		呋喃唑酮	2400m³/t(呋喃唑酮)
		咖啡因	1200m³/t(咖啡因)
17	有机磷农药工业①	乐果②	700m³/t(产品)
		甲基对硫磷(水相法)②	300m³/t(产品)
		对硫磷(P_2S_5法)②	500m³/t(产品)
		对硫磷($PSCl_3$法)②	550m³/t(产品)
		敌敌畏(敌百虫碱解法)	200m³/t(产品)
		敌百虫	40m³/t(产品)(不包括三氯乙醛生产废水)
		马拉硫磷	700m³/t(产品)
18	除草剂工业①	除草醚	5m³/t(产品)
		五氯酚钠	2m³/t(产品)
		五氯酚	4m³/t(产品)
		2甲4氯	14m³/t(产品)
		2,4-D	4m³/t(产品)
		丁草胺	4.5m³/t(产品)
		绿麦隆(以 Fe 粉还原)	2m³/t(产品)
		绿麦隆(以 Na_2S 还原)	3m³/t(产品)

续表

序号	行业类别	最高允许排水量或最低允许排水重复利用率
19	火力发电工业	3.5m³/(MW·h)
20	铁路货车洗刷	5.0m³/辆
21	电影洗片	5m³/1000m(35mm胶片)
22	石油沥青工业	冷却池的水循环利用率95%

① 产品按100%浓度计。
② 不包括 P_2S_5、$PSCl_3$、PCl_3 原料生产废水。

思 考 题

1. 根据地表水环境质量标准，我国地表水根据环境功能和保护目标不同分为哪几类？分别适用于哪些功能水域？
2. 什么叫第一类污染物？什么叫第二类污染物？
3. 污染物的排放浓度值与哪些因素有关？
4. 废水样品的采样点位的设置是怎样规定的？

项目三　监测方案的制订

一、地表水水质监测方案的制订

世界各国对地表水体的采样、测定等均有具体的规范化要求，我国也已于2002年12月发布了《地表水和污水监测技术规范》（HJ/T 91—2002），以保障监测结果的可比性和有效性。

（一）基础资料的收集

在制订监测方案之前，应尽可能完备地收集待监测水体及所在区域的有关资料，主要包括以下内容。

① 水体的水文、气候、地质和地貌资料。如水位、水量、流速及流向的变化；降雨量、蒸发量及历史上的水情；河流的宽度、深度、河床结构及地质状况；湖泊沉积物的特性、同温层分布、等深线等。

② 水体沿岸城市分布、工业布局、污染源及其排污情况、城市给排水情况等。

③ 水体沿岸的资源现状和水资源的用途，饮用水源分布和重点水源保护区，水体流域土地功能及近期使用计划等。

④ 历年的水质资料等。

⑤ 地表径流污水、雨污水分流情况，以及农田灌溉排水、农药、化肥的使用情况等。

（二）监测断面和采样点的设置

在对基础资料综合分析的基础上，根据监测目的、水质的均一性、采样的难易程度、采用的监测方法、有关的标准法规，并考虑人力、物力等因素合理确定监测断面和采样点。

1. 河流断面的布设原则

监测断面应当在宏观上反映河流水系或所在流域的水环境质量状况。各断面的布设必须能反映所在区域环境的污染特征，尽可能以最少的断面获取最多的、有代表性的环境信息，同时还要兼顾采样的可行性和方便性。其原则有以下几方面。

① 对流域或水系要设立背景断面、控制断面（若干）和入海口断面。对行政区域可设背景断面（对水系源头）或入境断面（对过境河流）或对照断面、控制断面（若干）和入海口断面或出境断面。在各控制断面下游，如果河段有足够长度（>10km），还应设削减断面。

② 根据水体功能区设置控制监测断面，同一水体功能区至少要设置1个监测断面，应避开死水区、回水区、排污口处，尽量选择顺直河段、河床稳定、水流平稳、水面宽阔、无急流、无浅滩处。

③ 力求与水文测流断面一致，以便利用其水文参数，实现水质监测与水量监测的结合。

④ 应考虑社会经济发展以及监测工作的实际状况和需要，要具有相对的长远性。

⑤ 流域同步监测中，根据流域规划和污染源限期达标目标确定监测断面；在河道局部整治中，监视整治效果的监测断面由所在地区环境保护行政主管部门确定。

⑥ 进行应急监测时，对江河污染的跟踪监测要根据污染物质的性质、数量及河流的水文要素等，沿河段布设数个采样断面，并在采样点设立明显标志。采样频次根据事故程度确定。

⑦ 入海河口断面要设置在能反映入海河水水质并临近入海的位置。

2. 河流监测断面的设置

为评价一个完整的江河水系的水质，需要设置四种断面，即背景断面、对照断面、控制断面和削减断面；对于某一河段，只需设置对照断面、控制断面、削减（或过境）断面三种，见图1-1。

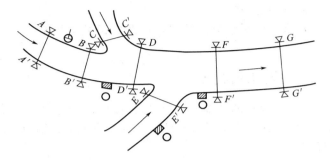

图 1-1 河流监测断面设置示意图

→ 水流方向；⌀ 自来水厂取水点；○ 污染源；▨ 排污口；
$A—A'$—对照断面；$G—G'$—削减断面；$B—B'$、$C—C'$、$D—D'$、$E—E'$、$F—F'$—控制断面

（1）背景断面

基本上不受人类活动的影响，远离城市居民区、工业区、农药化肥施放区及主要交通路线。原则上应设在水系源头处或未受污染的上游河段，如选定断面处于地球化学异常区，则要在异常区的上、下游分别设置；如有较严重的水土流失情况，则设在水土流失区的上游。

（2）对照断面

为了解流入监测河段前的水体水质状况而设置。这种断面应设在河流进入城市或工业区以前的地段，避开各种废水、污水流入或回流处。一个河段一般只设一个对照断面，有主要支流时可酌情增加。

（3）控制断面

用来反映某排污区（口）排放的污水对水质的影响。其主要决定因素有：主要污染区的数量及其间的距离、主要污染物的迁移转化规律和其他水文特征等。一般设置在排污区（口）的下游，污水与河水基本混匀处，此外在流经特殊要求的地区（如饮用水源地、风景游览区等）的河段上也应设置控制断面。

（4）削减断面

是指河流受纳废水和污水后，经稀释扩散和自净作用，使污染物浓度显著下降，其左、中、右三点浓度差异较小的断面。通常设在城市或工业区最后一个排污口下游1500m以外的河段上，水量小的小河流应视具体情况而定。

此外，水系流经行政区交界处时应分别设置入境断面或出境断面；国际河流流出、入国境的交界处应设置出境断面和入境断面；水系较大的支流汇入前的河口处也应设置相应的断面；水网地区应根据常年主导流向设置监测断面；有水工建筑物并受人工控制的河段，视情况分别在闸（坝、堰）上、下设置断面。

3. 湖泊、水库监测断面的设置

① 湖泊、水库通常只设监测垂线，如有特殊情况可参照河流的有关规定设

置监测断面；

② 湖（库）区的不同水域，如进水区、出水区、深水区、浅水区、湖心区、岸边区，按水体类别设置监测垂线；

③ 湖（库）区若无明显功能区别，可用网格法均匀设置监测垂线；

④ 当湖泊、水库可能出现温度分层现象时，应作水温、溶解氧的探索性试验后再定（图 1-2）；受污染物影响较大的重要湖泊、水库，应在污染物主要输送路线上设置控制断面。

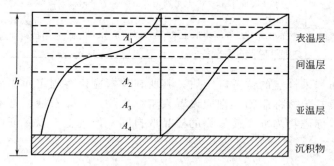

图 1-2　间温层采样点设置示意图

A_1—表温层中；A_2—间温层下；A_3—亚温层中；
A_4—沉积物与水介质交界面上约 1m 处；h—水深

4．采样点位的确定

设置监测断面后，应根据水面的宽度确定断面上的采样垂线（见表 1-9），再根据采样垂线的深度确定采样点位置和数目（见表 1-10）。

表 1-9　采样垂线数的设置

水面宽	垂线数	说　　明
≤50m	一条（中泓线）	1. 垂线布设应避开污染带，要测污染带应另加垂线 2. 确能证明该断面水质均匀时，可仅设中泓垂线 3. 凡在该断面要计算污染物通量时，必须按本表设置垂线
50～100m	二条（近左、右岸有明显水流处）	
>100m	三条（左、中、右）	

表 1-10　采样垂线上的采样点数设置

水深	采样点数	说　　明
≤5m	上层一点	1. 上层指水面下 0.5m 处，水深不到 0.5m 时，在水深 1/2 处 2. 下层指河底以上 0.5m 处 3. 中层指 1/2 水深处 4. 封冻时在冰下 0.5m 处采样，水深不到 0.5m 时，在水深 1/2 处 5. 凡在该断面要计算污染物含量时，必须按本表设置采样点
5～10m	上、下层两点	
>10m	上、中、下层三点	

当湖泊、水库的水体有温度分层的现象时，可根据温度分布层与采样点位的关系，确定采样点的数量及位置（表1-11，图1-2）。

表1-11 湖（库）监测垂线采样点的设置

水深	分层情况	采样点数	说明
≤5m		一点（水面下0.5m）	1. 分层是指湖水温度分层状况
5～10m	不分层	二点（水面下0.5m，水底上0.5m处）	2. 水深不足1m，在1/2水深处设置测点
	分层	三点（水面下0.5m，1/2斜温层，水底上0.5m处）	3. 有充分数据证实垂线水质均匀时，可酌情减少测点
>10m		除水面下0.5m，水底上0.5m处外，按每一斜分层1/2处设置	

监测断面和采样点的位置确定后，其所在位置应该有固定而明显的岸边天然标志。如果没有天然标志物，则应设置人工标志物，如竖石柱、打木桩等。每次采样要严格以标志物为准，使采集的样品取自同一位置上，以保证样品的代表性和可比性。

（三）采样时间和采样频率的确定

为使采集的水样具有代表性，能够反映水质在时间和空间上的变化规律，必须依据不同的水体功能、水文要素和污染源、污染物排放等实际情况确定合理的采样时间和采样频率，一般原则是：

① 饮用水源地、省级交界断面中需要重点控制的监测断面每年至少监测12次；

② 对于较大水系、河流、湖泊、水库上的监测断面逢单月采样一次，全年监测6次；国控监测断面（或垂线）每月采样一次，一般在每月的5～10日进行；

③ 受潮汐影响的监测断面的采样，分别在大潮期和小潮期进行。每次采集涨、退潮水样分别测定。涨潮水样应在断面处水面涨平时采样，退潮水样应在水面退平时采样；

④ 水系的背景断面每年采样一次；

⑤ 如某必测项目连续三年均未检出，且在断面附近确定无新增排放，而现有污染源排污量未增的情况下，每年可采样一次进行测定，一旦检出，或在断面附近有新的排放源或现有污染源有新增排污量时，即恢复正常采样；

⑥ 遇有特殊自然情况，或发生污染事故时，要及时采用应急监测方案，增加采样频次；局部水流域河道整治时，应在一定时期内增加采样频次，具体方案由整治工程所在的地方环境保护行政主管部门制定。

二、地下水水质监测方案的制订

贮存在土壤和岩石空隙（孔隙、裂隙、溶隙）中的水统称地下水。地下水埋藏在地层的不同深度，相对地面水而言，其流动性和水质参数的变化比较缓慢。

（一）调查研究和资料收集

在布设监测点网前，应收集当地有关水文、地质资料，包括以下内容。

① 地质图、剖面图、现有水井的有关参数（井位、钻井日期、井深、成井方法、含水层位置、抽水试验数据、钻探单位、使用价值、水质资料等）；

② 作为当地地下水补给水源的江、河、湖、海的地理分布及其水文特征（水位、水深、流速、流量），水利工程设施，地表水的利用情况及其水质状况；

③ 含水层分布，地下水补给、径流和排泄方向，地下水质类型和地下水资源开发利用情况；泉水出露、泉的成因类型、补给来源、流量、水温、水质和利用情况；

④ 区域规划与发展、城镇与工业区分布、资源开发和土地利用情况，化肥农药施用情况，水污染源及污水排放特征。

（二）监测网点布设原则

① 在总体和宏观上应能控制不同的水文地质单元，须能反映所在区域地下水系的环境质量状况和地下水质量空间变化；

② 监测重点为供水目的的含水层；

③ 监控地下水重点污染区及可能产生污染的地区，监视污染源对地下水的污染程度及动态变化，以反映该区域地下水的污染特征；

④ 能反映地下水补给源和地下水与地表水的水力联系；监控地下水水位下降的漏斗区、地面沉降以及该特殊水文地质问题；

⑤ 考虑工业建设项目、矿山开发、水利工程、石油开发及农业活动等对地下水的影响；

⑥ 监测网点布设密度的原则为主要供水区密，一般地区稀；城区密，农村稀；地下水污染严重地区密，非污染区稀。尽可能以最少的监测点获取足够的有代表性的环境信息；尽可能从经常使用的民井、生产井以及泉水中选择布设监测点。

（三）采样点的设置

由于水文地质等因素的复杂性和特殊性，地下水采样点的设置较为复杂。一般国控地下水监测点网密度一般不少于每 $100km^2$ 0.1 眼井，每个县至少应有 1~2

眼井，平原（含盆地）地区一般为每 100km² 0.2 眼井，重要水源地或污染严重地区适当加密，沙漠区、山丘区、岩溶山区等可根据需要，选择典型代表区布设监测点。省控、市控地下水监测点网密度可根据具体情况和相关规范自定。

在地下水为主要供水水源的地区、饮水型地方病（如高氟病）高发地区、对区域地下水构成影响较大的地区，如污水灌溉区、垃圾堆积处理场地区、地下水回灌区及大型矿山排水地区等应布设监测点（监测井）。

为了在掌握污染物类型、分布和污染物扩散条件的同时，弄清地下水的分层和流向等情况，通常需要布设背景值监测井和污染控制监测井。

1. 背景值监测井（点）的布设

根据区域水文地质单元状况和地下水主要补给来源，在污染区外围地下水水流上游，设置一个或数个背景值监测井。背景值监测井应尽量远离城市居民区、工业区、农药化肥施放区、农灌区及交通要道。

2. 污染控制监测井（点）的布设

污染源的分布和污染物在地下水中扩散形式是布设污染控制监测井的首要考虑因素。各地可根据当地地下水流向、污染源分布状况和污染物在地下水中扩散形式，采取点面结合的方法布设污染控制监测井，监测重点是供水水源地保护区。

① 渗坑、渗井和固体废物堆放区的污染物在含水层渗透性较大的地区以条带状污染扩散，监测井应沿地下水流向布设，以平行及垂直的监测线进行控制；渗坑、渗井和固体废物堆放区的污染物在含水层渗透性小的地区以点状污染扩散，可在污染源附近按十字形布设监测线进行控制。

② 当工业废水、生活污水等污染物沿河渠排放或渗漏以带状污染扩散时，应根据河渠的状态、地下水流向和所处的地质条件，采用网格布点法布设垂直于河渠的监测线；污灌区和缺乏卫生设施的居民区生活污水易对周围环境造成大面积垂直的块状污染，应以平行和垂直于地下水流向的方式布设监测点。

③ 地下水位下降的漏斗区，主要形成开采漏斗附近的侧向污染扩散，应在漏斗中心布设监控测点，必要时可穿过漏斗中心按十字形或放射状向外围布设监测线。

④ 透水性好的强扩散区或年限已久的老污染源，污染范围可能较大，监测线可适当延长，反之，可只在污染源附近布点。

（四）采样时间和采样频率的确定

① 背景值监测井和区域性控制的孔隙承压水井每年枯水期采样一次。

② 污染控制监测井逢单月采样一次，全年六次；其中某一监测项目如果连续 2 年均低于控制标准值的五分之一，且在监测井附近确实无新增污染源，而现有污染源排污量未增的情况下，该项目可每年在枯水期采样一次。一旦监测结果

大于控制标准值的五分之一,或在监测井附近有新的污染源或现有污染源新增排污量时,即恢复正常采样频次。

③ 作为生活饮用水集中供水的地下水监测井,每月采样一次。

④ 同一水文地质单元的监测井采样时间尽量相对集中,日期跨度不宜过大。

⑤ 遇到特殊的情况或发生污染事故,可能影响地下水水质时,应随时增加采样频次。

三、水污染源监测方案的制订

水污染源包括工业废水源、生活污水源等。在制订监测方案前,首先也要进行调查研究,收集有关资料,查清用水情况,产生废水或污水的类型,主要污染物及排污去向和排放量,车间、工厂或地区的排污口数量及位置,废水处理情况,是否排入江、河、湖、海,流经区域是否有渗坑等。然后进行综合分析,确定监测项目、监测点位,选定采样时间和频率、采样和监测方法及技术,制订质量保证程序、措施和实施计划等。

(一) 采样点的布设

1. 工业废水

① 第一类污染物在车间或车间处理设施排放口采样;第二类污染物在单位总排放口采样;

② 工业企业内部监测时通常选择在工厂的总排放口、车间或工段的排放口以及有关工序或设备的排放点取样;

③ 已有废水处理设施的工厂,在处理设施的排放口布设采样点,为了解废水处理效果,可在进出口分别设置采样点;

④ 在排污渠道上,采样点应设在渠道较直、水量稳定、上游无污水汇入的地方。

2. 生活污水

① 城市污水管网 采样点应设在非居民生活排水支管接入城市污水干管的检查井;城市污水干管的不同位置;污水进入水体的不同位置。

② 城市污水处理厂 在污水进口和总排放口布设采样点。如需监测各污水处理单元的处理效率,可在各处理单元的进、出口分别布设采样点。此外,还应当设置污泥采样点。

(二) 采样时间和频率

1. 工业废水

工业废水的污染物含量和排放量常随工艺条件及开工率的不同而有很大差

异,故采样时间、周期和频率的选择是一个较复杂的问题。一般废水排放量≥5000t/d 的污染源,需安装水质自动在线监测仪,连续自动监测,随时监控;废水排放量 1000～5000t/d 的主要污染源,需安装等比例自动采样器及测流装置,监测 1 次/天;废水排放量≤1000t/d 的污染源,监测 3～5 次/月。水质、水量同步监测;生产不稳定的污染源,监测频次视生产周期和排污情况而定。

2. 生活污水

对城市管网污水,可在一年的丰、平、枯水季,从总排放口分别采集一次流量比例混合样测定,每次进行一昼夜,每 4h 采样一次。在城市污水处理厂,为指导调节处理工艺参数和监督外排水水质,每天都要从处理单元和总排放口采集污水样品,对指标项目进行例行监测。

四、底质监测方案的制订

底质监测是水环境监测的一部分,作为水环境监测的补充,在水环境监测中占据着特别重要的地位。

① 通过底质监测,不仅可以了解水系污染现状,还可以追溯水系的污染历史,研究污染物的沉积规律、污染物归宿及其变化规律。

② 根据各水文因素,能研究并预测水质变化趋势及沉积污染物质对水体的潜在危害。

③ 从底质中可检测出因浓度过低而在水中不易被检测出的污染物质,特别是能检测出因形态、价态及微生物转化而生成的某些新的污染物质,为发现、解释和研究某些特殊的污染现象提供科学依据。

因此,底质监测对于研究水系中各种污染物的沉积转化规律,确定水系的纳污能力,研究水体污染对水生生物特别是底栖生物的影响,制定污染物排放标准及环境预测等均具有重要价值。

(一) 底质采样点的设置

底质监测断面的设置原则与水质监测断面相同,其位置尽可能和水质监测断面重合,以便于将沉积物的组成及其物理化学性质与水质监测情况进行比较。

① 底质采样点应尽量与水质采样点一致。底质采样点位通常为水质采样点位垂线的正下方。当正下方无法采样时,如水浅时,因船体或采泥器冲击搅动底质,或河床为砂卵石时,应另选采样点重采。采样点不能偏移原设置的断面(点)太远。采样后应对偏移位置做好记录。

② 底质采样点应避开河床冲刷、底质沉积不稳定、水草茂盛表层及底质易受搅动之处。

③ 湖(库)底质采样点一般应设在主要河流及污染源排放口与湖(库)水

混合均匀处。

(二) 底质采样频率的确定

由于底质比较稳定，受水文、气象条件影响较小，故采样频率远较水样低，一般每年枯水期采样一次，必要时可在丰水期加采一次。

思 考 题

1. 流经城市和工业区的河段一般需要设置哪几种断面？
2. 怎样确定河流采样点的位置？
3. 怎样确定地面水监测频率和监测时间？
4. 工业污染源的例行监测是怎样确定监测频率的？
5. 地下水采样井的布设有何原则？
6. 怎样确定底质监测的采样断面和采样点的位置？
7. 怎样确定底质监测的采样时间和频率？

项目四　实验室质量控制

一、质量保证、质量控制的意义和内容

环境监测是环境保护的眼睛，其技术水平对于把握污染现状和预测污染发展趋势起着第一重要的作用。而环境监测的数据是环境监测的重要产品，对于数据质量常以精密性、准确性、代表性、完整性和可比性来评价。精密性和准确性主要体现在实验室分析测试技术方面，代表性和完整性主要体现在优化布点、样品采集、保存、运输和处理等方面，而可比性又是精密性、准确性、代表性、完整性的综合体现，只有前四项都具备了，才有可比性而言。质量控制（QC）和质量保证（QA）是贯穿环境监测全过程的技术手段和管理程序，其目的是为了出具具有"五性"的环境监测数据。

环境监测质量保证是保证监测数据正确可靠的全部活动和措施，是环境监测的全面质量管理，致力于对达到测试结果质量要求提供信任。为了能提供信任，必须组织开展一系列质量保证活动，并能提供证实已达到质量要求的客观证据。质量保证可分内部质量保证和外部质量保证。内部质量保证是向组织的管理者提供信任，通过开展质量管理体系评审以及自我评定，使管理者对本组织的体系、出具的数据、过程的质量满足规定要求充满信心。外部质量保证是为了向顾客和第三方等方面提供信任，使他们确信组织的体系、出具的数据、过程的质量已能满足规定要求，具备持续提供满足顾客要求并使其满意的测试结果的质量保证能

力。环境监测质量保证的主要内容包括：制订一个良好的监测计划，根据监测目的的需要和可能、经济成本和效益，确定对监测指标及数据的质量要求；规定相应的分析监测系统和质量控制程序，组织人员培训，编制分析方法和各种规章制度等。为取得合乎精密度、准确度、可比性、代表性与完整性要求的监测结果提供保证。

环境监测质量控制是环境监测质量保证的一个重要部分，致力于达到分析质量要求。是预防测试数据不合格发生的重要手段和措施，贯穿于测试分析的全过程。建立和实施质量体系，使质量活动得到严格控制。质量控制的目的在于控制监测人员的实验误差，以保证测试结果的精密度和准确度能在给定的置信水平下，达到允许限规定范围的质量要求。它包括实验室内部质量控制和外部质量控制两个部分。实验室内部质量控制，是实验室自我控制质量的常规程序，它能反映分析质量稳定性如何，以便及时发现分析中异常情况，随时采取相应的校正措施。内部质量控制内容包括空白实验、校准曲线核查、仪器设备的定期计量检定、平行样分析、加标样分析、密码样分析、分析同一样品各个检验结果的相关性、对保留样品再检验和编制质量控制图等；外部质量控制通常是参加本检验机构以外的同类检验机构的检验试验或比对，以便对数据进行独立评价，实验室可以从中发现所存在的系统误差等问题，以便及时校正、提高数据质量。常用的方法有分析标准样品以进行实验室之间的评价和分析测量系统的现场评价等。

二、误差

（一）误差的概念

1. 真值

在某一时刻和某一位置或状态下，某量的效应体现出的客观值或实际值称为真值。真值包括以下三种。

① 理论真值　例如三角形内角和等于 180°。

② 约定真值　由国际计量大会定义的国际单位制，由基本单位、辅助单位和导出单位组成。基本单位包括米、千克、秒、安培、开尔文、摩尔、坎德拉。由国际单位制所定义的真值叫约定真值。

③ 标准器（包括标准物质）的相对真值　高一级标准器的误差为低一级标准器或普通仪器误差的 1/5（或 1/3～1/20）时，则可以认为前者是后者的相对真值。

2. 误差

环境监测需要借助各种测量方法去完成。由于被测量的数值形式通常不能以有限位数表示，又由于认识能力的不足和科学技术水平的限制，测量值和它的真值并不完全一致，这种矛盾在数值上的表现即为误差。任何测量结果都具有误差，误差存在于一切测量的全过程中。

（二）误差的分类

误差按其性质和产生的原因，可以分为系统误差、随机误差和过失误差。

1. 系统误差

（1）系统误差的定义和特点

系统误差又称为可测误差、恒定误差，指测量值的总体均值与真值之间的差别，是由测量过程中某些恒定因素造成的。在一定的测量条件下，系统误差会重复表现出来，即误差的大小和方向在多次重复测量中几乎相同。因此，增加测量次数不能减小系统误差。

（2）系统误差产生的原因

① 方法误差　系由分析方法不够完善所致。如在滴定方法中，由于指示剂对反应终点的影响，使得滴定终点与理论计量点不能完全重合。

② 仪器误差　系由使用未经校准的仪器所致，如量瓶的示值与真实容量的不一致。

③ 试剂误差　系由所用试剂（包括用水）中含有杂质所致，如基准试剂纯度不够。

④ 恒定的个人误差　系由测量者感觉器官的差异、反应的敏捷程度和固有习惯所致，如对仪器标尺读取读数时的始终偏右或偏左。

⑤ 恒定环境误差　系由测量时环境因素的显著改变所致，如室温的明显变化、溶液中某组分挥发造成溶液浓度的改变等。

（3）减少系统误差的办法

① 进行仪器校准　测量前预先对仪器进行校准，并将校正值用到测量结果的修正中去。

② 进行空白试验　用空白试验结果修正测量结果，以消除由于试剂不纯等原因所产生的误差。

③ 进行对照分析　将实际样品与标准物质在同样条件下进行测定。当标准物质的保证值与其测定值一致时，可以认为该方法的系统误差已基本消除。

用不同的分析方法。例如与经典的分析方法进行比较，以校正方法的误差。

④ 进行回收试验　用人工合成的方法制得与实际样品组成类似的物质，或在实际样品中加入已知量的标准物质，在相同条件下进行测量，观察所得结果能否定量回收，并以回收率作校正因子。

2. 随机误差

（1）随机误差的定义和特点

随机误差又称偶然误差或不可测误差，是由测量过程中各种随机因素的共同作用造成的。

随机误差遵从正态分布，它具有如下特点。

① 有界性 在一定条件下的有限测量值中，其误差的绝对值不会超过一定的界限；

② 单峰性 绝对值小的误差出现的次数比绝对值大的误差出现的次数多；

③ 对称性 在测量次数足够多时绝对值相等的正误差和负误差出现的次数大致相等；

④ 抵偿性 在一定的条件下对同一量进行测量，随机误差的算术平均值随着测量次数的无限增加而趋于零，即误差平均值极限为零。

（2）随机误差产生的原因

随机误差是由能够影响测量结果的许多不可控制或未加控制的因素的微小波动引起的，如测量过程中环境温度的波动、电源电压的小幅度起伏、仪器的噪声、分析人员判断能力和操作技术的微小差异和前后不一致等。因此，随机误差可以看作是大量随机因素造成的误差的叠加。

（3）减小随机误差的办法

除必须严格控制试验条件、按照分析操作规程正确进行各项操作外，还可以利用随机误差的抵偿性，用增加测量次数的办法减小随机误差。

3. 过失误差

过失误差亦称粗差。这类误差明显歪曲测量结果，是由测量过程中犯了不应有的错误造成的，如器皿不清洁、加错试剂、错用样品、操作过程中试剂大量损失、仪器出现异常而未被发现、读数错误、记录错误及计算错误等。过失误差无一定规律可循。

过失误差一经发现，必须及时改正。过失误差的消除，关键在于分析人员必须养成专心、认真、细致的良好的工作习惯，不断提高理论和操作技术水平。含有过失误差的测量数据经常表现为离群数据，可以用离群数据的统计检验方法将其剔除。对于确知在操作过程中存在错误情况的测量数据，无论结果好坏，都必须舍去。

（三）误差的表示方法

1. 绝对误差和相对误差

① 绝对误差是测量值（单一测量值或多次测量的均值）与真值之差。当测量结果大于真值时，误差为正，反之为负。

$$绝对误差 = 测量值 - 真值$$

② 相对误差指绝对误差与真值之比（常以百分数表示），即：

$$相对误差 = 绝对误差/真值$$

2. 绝对偏差和相对偏差

① 绝对偏差即某一测量值 x_i 与多次测量平均值 $\bar{x}$ 之差，以 d_i 表示：
$$d_i = x_i - \bar{x}$$

② 相对偏差为绝对偏差与均值之比（常用百分数表示）。
$$相对偏差 = d_i / \bar{x}$$

3. 平均偏差和相对平均偏差

① 平均偏差为绝对偏差的绝对值之和的平均值，以 $\bar{d}$ 表示：
$$\bar{d} = \frac{1}{n}\sum_{i=1}^{n}|d_i| = \frac{1}{n}(|d_1| + |d_2| + \cdots + |d_n|)$$

② 相对平均偏差为平均偏差与测量均值之比（常用百分比表示）：
$$相对平均偏差 = \bar{d}/\bar{x}$$

4. 极差

极差为一组测量值中最大与最小值之差，表示误差的范围，以 R 表示：
$$R = x_{\max} - x_{\min}$$

式中　$x_{\max}$——测量值 $x_1, x_2, \cdots, x_n$ 中最大值；

$x_{\min}$——测量值 $x_1, x_2, \cdots, x_n$ 中最小值。

5. 样本的标准偏差和相对标准偏差

① 样本的标准偏差用 S 表示，其计算式为：
$$S = \sqrt{\frac{1}{n-1}\sum_{i=1}^{n}(x_i - \bar{x})^2}$$

② 样本相对标准偏差（RSD），又称变异系数（C_v），是样本标准偏差在样本均值中所占的百分数。其计算式为：
$$\mathrm{RSD} = \frac{S}{\bar{x}} \times 100\%$$

注：总体标准偏差以 σ 表示，其计算式为：
$$\sigma = \sqrt{\frac{1}{N}\sum_{i=1}^{n}(x_i - \mu)^2}$$

式中　N——总体的容量；

μ——总体均值。

三、相关名词

（一）准确度

1. 准确度的定义

准确度是用一个特定的分析程序所获得的分析结果（单次测定值或重复测定的均值）与假定的或公认的真值之间符合程度的度量。一个分析方法或分析测量系统的准确度是反映该方法或该测量系统存在的系统误差和随机误差两者的综合指标，它决定着这个分析结果的可靠性。准确度用绝对误差或相对误差表示。

2. 准确度的评价方法

可以用测量标准物质或以标准物质做回收率测定的办法来评价分析方法和测量系统的准确度。

① 标准物质的分析　通过对标准物质的分析，由所得结果了解分析的准确度。

② 回收率的测定　在样品中加入标准物质，测定其回收率这是目前试验室中常用而又方便的确定准确度的方法。多次回收试验还可发现方法的系统误差。

回收率按下式计算：

$$回收率 = \frac{加标试样测定值 - 试样测定值}{加标量} \times 100\%$$

用回收率评价准确度时应注意：

① 样品中待测物质的浓度和加入标准物质的浓度对回收率的影响通常以标准物质的加入量与待测物质浓度水平相等或相近为宜。若待测物质浓度较高，则加标后的浓度不宜超过方法线性范围上限的 90%；若其浓度小于检测限，可按测定下限量加标。在其他任何情况下，加标量不得大于样品中待测物含量的三倍。

② 加入的标准物质与样品中待测物质的形态未必一致；即使形态一致，其与样品中其他组分间的关系也未必相同。因而用回收率评价准确度并非全都可靠。

③ 样品中某些干扰物质对待测物质产生的正干扰或负干扰，有时不能为回收率试验所发现。如用银量法测定水中氯化物时，由于受到存在于水中的其他卤化物的影响，其回收率的结果也不可靠。

④ 不同方法的比较。通常认为，不同的分析方法具有相同的不准确性的可能很小。因此，对同一样品用不同方法获得的相同的测定结果可以作为其真值的最佳估计。

当采用不同分析方法对同一样品进行重复测定，所得结果一致，或统计检验表明其差异不显著时，则可认为这些方法都具有较好的准确度；若所得结果出现显著差异，应以被公认是可靠的方法为准。

（二）精密度

1. 精密度的定义

精密度是指用一特定的分析程序在受控条件下重复分析均一样品所得测定值

的一致程度。它反映了分析方法或测量系统存在的随机误差的大小。精密度通常用极差、平均偏差和相对平均偏差、标准偏差和相对标准偏差表示。由于标准偏差在数理统计中属于无偏估计统计量，故常被采用。

为了满足某些特殊需要，引进下述三个精密度的专用术语。

① 平行性，系指在同一实验室中，当分析人员、分析设备和分析时间都相同时，用同一分析方法对同一样品进行的双份或多份平行样测定结果之间的符合程度。

② 重复性，系指在同一实验室中，当分析人员、分析设备和分析时间中至少有一样不相同时，用同一分析方法对同一样品进行的两次或两次以上独立测定结果之间的符合程度。

③ 再现性，系指在不同实验室（分析人员、分析设备甚至分析时间都不相同），用同一分析方法对同一样品进行的多次测定结果之间的符合程度。

故所谓的室内精密度即平行性和重复性的总和；而所谓的室间精密度即再现性。

2. 关于精密度应注意的问题

① 分析结果的精密度与样品中待测物质的浓度有关。因此，必要时应取两个或两个以上的不同浓度水平的样品进行分析方法的精密度的检查。

② 精密度可因与测定有关的实验条件的改变而有所变动。通常由一整批分析结果中得到的精密度往往高于分散在一段较长时间里的分析结果的精密度。因此，如有可能，最好将组成固定的样品分成若干批，然后分散在一段适当长的期间里进行分析。

③ 因为标准偏差的可靠程度受测量次数的影响，因此，在对标准偏差作较好估计时（如确定某种方法的精密度），需要足够多的测量次数。

④ 在质量保证和质量控制中经常用分析标准溶液的办法来了解分析方法的精密度，这与分析实际样品的精密度可能存在一定的差异。

（三）灵敏度

1. 灵敏度的定义

一个方法的灵敏度是指该方法对单位浓度或单位量的待测物质的变化所引起的响应量变化的程度。因此，它可以用仪器的响应量与对应的待测物质的浓度或量之比来描述。在实际工作中常以校准曲线的斜率度量灵敏度。一个方法的灵敏度可因实验条件的变化而改变，在一定的实验条件下，灵敏度具有相对的稳定性。

2. 灵敏度的表示方法

通过校准曲线可以把仪器响应量与待测物质的浓度或量定量地联系起来。可用下式表示校准曲线的直线部分。

$$A = kc + a$$

式中 A——仪器的响应量；

c——待测物质的浓度；

a——校准曲线的截距；

k——方法的灵敏度，k 越大，方法灵敏度越高。

在原子吸收分光光度法中，国际纯粹与应用化学联合会建议将所谓的"1%吸收灵敏度"叫做特征浓度，而将以绝对量表示的"1%吸收灵敏度"称为特征量。特征浓度（或特征量）越小，则方法灵敏度越高。

（四）空白试验

1. 空白实验的定义

空白实验（空白测定）是指除用水代替样品外，其他所加试剂和操作步骤均与样品测定相同的操作过程。空白实验应与样品测定同时进行。

2. 空白实验值

样品的分析响应值（如吸光度、峰高等）通常不仅是样品中待测物质的分析响应值，还包括所有其他因素（如试剂中的杂质、环境及操作过程中的玷污等）的分析响应值。由于影响空白值的因素的大小经常变化，为了了解那些因素对样品测定的综合影响，在每次进行样品分析的同时，均应做空白实验。空白实验所得的响应值称为空白响应值。

3. 试验用水

对试验用水应有一定的要求。水中待测物质的浓度应低于所用方法的检测限，否则将使空白实验值和标准偏差增大，因而影响试验结果的精密度和准确度。必要时对试验用水应进行检验。检验的方法如下。

① 用蒸发的方法或其他富集的方法浓缩一定量的试验用水，并与未浓缩的水样同时测定，计算试验用水中待测物质的浓度；

② 采用一种比所用方法的检测限更低的方法，并用以亚沸蒸馏的方法制备的更纯的水作参比，对试验用水做空白测定。例如，用火焰原子吸收法测定水样中重金属含量时，可用无焰原子吸收法测定试验用水中重金属含量。

4. 应注意的问题

空白试验值的大小与分析方法及各种试验条件等有关。当空白试验值偏高时，应全面检查空白试验用水、空白试剂、量器及容器的玷污情况、测量仪器的性能以及试验环境状态等。

（五）校准曲线

1. 校准曲线的定义

校准曲线是用于描述待测物质的浓度或量与相应的测量仪器的响应量或其他指示量之间的定量关系的曲线。校准曲线包括通常所谓的"工作曲线"（绘制标准曲线的标准溶液的分析步骤与样品分析步骤完全相同）和"标准曲线"（绘制标准曲线的标准溶液的分析步骤与样品分析步骤相比有所省略，如省略样品的前处理）。

2. 校准曲线的绘制

① 配制在测量范围内的一系列已知浓度的标准溶液。

② 按照与样品相同的测定步骤，测定各浓度标准溶液的响应值。

③ 选择适当的坐标纸，以响应值为纵坐标，以浓度（或量）为横坐标，将测量数据标在坐标纸上作图。

④ 将各点连接为一条适当的曲线。在环境水质监测中，通常选用校准曲线的直线部分。

3. 线性范围

某一方法的校准曲线的直线部分所对应的待测物质的浓度（或量）的变化范围，称为该方法的线性范围。

4. 应注意的问题

① 配制的标准系列应在方法的线性范围以内。

② 严格地说，绘制校准曲线时应对标准溶液进行与样品完全相同的分析处理，包括样品的前处理操作。只有经过充分的验证，确认省略某些操作对校准曲线无显著影响时，方可免除这些操作。

③ 校准曲线的使用时间取决于各种因素，诸如试验条件、试剂的重新配制以及处理仪器的稳定性等。因此，或在每次分析样品的同时绘制校准曲线，或在每次分析样品时选择两个适当浓度的标准物同时进行测定，以校准原有的校准曲线。

④ 应同时做空白试验，并扣除空白试验值。

⑤ 绘制校准曲线时通常未考虑样品的基本效应。然而，这对某些分析却至关重要。在这种情况下，可使用含有与实际样品类似基本的工作标准系列进行校准曲线的绘制。

⑥ 对经过验证的标准方法绘制线性范围内的校准曲线时，如出现各点分散较大或不在一条直线上的现象，则应检查试剂、量器及操作步骤是否有误，并做必要的纠正。此后如果仍不能得到满意的结果，方可根据专业知识和实际经验，对校准曲线做必要的回归计算，再重新绘图。

⑦ 利用校准曲线的响应值推测样品的浓度值时，其浓度应在所作校准曲线的浓度范围内，不得将校准曲线任意外延。

（六）检测限

1. 检测限的定义

检测限是指对某一特定的分析方法在给定的可靠程度内可以从样品中检测待测物质的最小浓度或最小量。所谓"检测"是指定性检测，即断定样品中确实存在有浓度高于空白的待测物质。

2. 对检测限的几种规定方法

① 分光光度法中规定以扣除空白值后，吸光度为 0.01 相对应的浓度为检测限。

② 在气相色谱法中规定检测限产生的响应信号为噪声值两倍时的量。最小检测浓度是指最小检测量与进样量（体积）之比。

③ 离子选择电极法规定某一方法的标准曲线的直线部分的外延延长线与通过空白电位且平行于浓度轴的直线相交时，其交点所对应的浓度值即为检测限。

④《全球环境检测系统水检测操作指南》中规定：给定置信水平为 95% 时，样品浓度的一次测定值与零浓度样品的一次测定值有显著性差异者即为检测限 L。当空白测定次数 n 大于 20 时，

$$L = 4.6\sigma_{wb}$$

式中　σ_{wb}——空白平行测定（批内）标准偏差。

当空白测定次数 n 少于 20 次时，

$$L = 2\sqrt{2}\, t_f S_{wb}$$

式中　S_{wb}——空白平行测定（批内）标准偏差；

　　　f——批内自由度，等于 $m(n-1)$；m 为重复测定次数，n 为平行测定次数；

　　　t_f——显著性水平为 0.05（单侧），自由度为 f 的 t 值。

（七）检测上限

检测上限系指与校准曲线直线部分的最高界限点相应的浓度值。当样品中待测物质的浓度超过检测上限时，相应的响应值将不在校准曲线直线部分的延长线上。校准曲线直线部分的最高界限点称为弯曲点。

（八）方法适用范围

方法适用范围系指某一特定方法的检测限至检测上限之间的浓度范围。在此范围内可做定性或定量的测定。

（九）测定限

测定限可分为测定下限与测定上限。

1. 测定下限

在测定误差能满足预定要求的前提下,用特定方法能够准确地定量测定待测物质最小浓度或量,称为该方法的测定下限。测定下限反映出定量分析方法能准确测定浓度水平待测物质的极限可能性。在没有(或消除了)系统误差的前提下,它受精密度要求的限制(精密度通常以相对标准偏差表示),对待定的分析方法来说,精密度要求越高,测定下限高于检出限越多。

2. 测定上限

在测定误差能满足预定要求的前提下,用特定方法能够准确地定量测定待测物质的最大浓度或量,称为该方法的测定上限。对没有(或消除了)系统误差的特定分析方法来说,精密度要求不同,测定上限亦可能有所不同,要求越高,则测定上限低于检测上限越多。

(十) 最佳测定范围

最佳测定范围亦称有效测定范围,系指在测定误差能满足预定要求的前提下,特定方法的测定下限至测定上限之间的浓度范围。在此范围内能够准确地定量测定待测物质的浓度或量。最佳测定范围应小于方法的适用范围。对测量结果的精密度(通常以相对标准偏差表示)要求越高,相应的最佳测定范围越小。

四、数据处理和常用统计方法

(一) 有效数据

1. 有效数字

测量结果的记录、运算和报告,必须使用有效数据。有效数据用于表示测量结果,指测量中实际能测得的数值,即表示数值的有效性。一个数据中,全部的可靠数值及右起第一位可疑数值的统称,叫做有效数字。有效数字由两部分组成。一是右起第二位以左的全部可靠数字。二是右起第一位的可疑数字。

有效数字中,只允许保留一位可疑数字,其余的可疑数字删除。

【例1-1】分析天平重为 0.5083g。"508" 是可靠值。"3" 是可疑值(该位数可能有 ±1 的误差)。即被称物体实重在 0.5082~0.5084 之间。称重的最大绝对误差为 ±0.0001g,最大相对误差为 0.02%。

可见,数据中除可靠数字外,第一位可疑数字也同样是有意义的。根据这个可疑数字的位置和大小,可计算出整个数据的绝对误差和相对误差,从而判断出它的准确性和精确性(即该数据的可信度)。

也就是说,可疑数字的位置和大小不同,该数据的绝对误差和相对误差,即准确性和精确性也是不同的。

上述称重 0.5083g，共有四位有效数字，即"5083"。小数点前的"0"只起定位作用，不能称为有效数字。

【例 1-2】 判断下列各数有效数字的位数：

0.10008；	1.0080；	52396	五位有效数字
0.2000；	35.40；	10.82%	四位有效数字
0.0382；	29.0；	1.98×10.6	三位有效数字
54；	2.5；	0.0040	二位有效数字
0.05；	0.2×10^5；	0.07×10^{-7}	一位有效数字
3700；	100；	20	有效数字位数含糊

有效数字与测量仪器的精确度及测量误差的对应关系如表 1-12。

表 1-12 有效数字与测量仪器的精确度及测量误差的对应关系

测量仪器	测量值	有效数字位数	绝对误差	相对误差/%	
量筒	20mL	2 位	±1mL	$\pm 1/20 \times 100 = \pm 5$	<10%
滴定管	28.04mL	4 位	±0.01mL	$\pm 0.01/28.04 \times 100 = \pm 0.04$	<0.1%
药物天平	12.9g	3 位	±0.1g	$\pm 0.1/12.9 \times 100 = \pm 0.8$	<1%
分析天平	0.6023g	4 位	±0.0001g	$\pm 0.0001/0.6023 \times 100 = \pm 0.02$	<0.1%

从表 1-12 中可看出有效数字位数和相对误差之间的关系。即：凡是具有两位有效数字的测量值，其相对误差小于 10%；具有三位有效数字的测量值，其相对误差小于 1%；具有四位有效数字的测量值，其相对误差小于 0.1%，以此类推。

可见，某个测量值的有效数字的位数，是不能随便增加或减少的。如 20mL 并不等于 20.0mL，等等。

2. 关于有效数字应注意的几个问题

"0"可以是有效数字，也可以不是。这要看"0"所处的具体位置和所起的作用如何。如滴定管读数为 30.05mL，分析天平称重为 1.2010g，其中的"0"都是有效数字。这两个数据的有效数字的位数依次为四位、五位。同样是滴定管读数和分析天平称量，0.52mL，0.0016g 中的"0"却不是有效数字。这些位于前面的零，只是定位作用，可多可少，由所取单位决定。因此，它们均为二位有效数字。

① 第一个非零数字前的"0"不是有效数字。例如：

    0.0598   三位有效数字

    0.006   一位有效数字

② 非零数字中"0"是有效数字。例如：

5.0085　　　五位有效数字

8.043　　　四位有效数字

③ 小数中最后一个非零数字后的"0"是有效数字，例如：

3.9800　　　五位有效数字

0.390%　　　三位有效数字

④ 以"0"结尾的整数，有效数字的位数难以判断。例如，39800 可能是三位、四位甚至五位有效数字。在这种情况下，应根据测定值的准确程度改写成指数形式。例如：

3.98×10^4　　　三位有效数字

3.9800×10^4　　　五位有效数字

3. 数字的修约

各种测量、计算的数值需要修约时，应按下列规则进行。

① 在舍弃的数字中，若左边第一个数字小于 5（不包括 5），则舍去，即所拟保留的末位数字不变。

例如：将 24.2423 修约到只保留一位小数。

　　修约前　　　修约后

　　24.2423　　　24.2

② 在舍弃的数字中，若左边第一个数字大于 5（不包括 5），则进一，即所拟保留的末位数字加一。

例如：将 26.4843 修约到只保留一位小数。

　　修约前　　　修约后

　　26.4843　　　26.5

③ 在舍弃的数字中，若左边第一个数字等于 5 而其右边的数字并非全部为零，则进一，即所拟保留的末位数字加一。

例如：将 1.0501 修约到只保留一位小数。

　　修约前　　　修约后

　　1.0501　　　1.1

④ 在舍弃的数字中，若左边第一个数字等于 5 而其右边的数字皆为零，所拟保留的末位数字若为奇数则进一，若为偶数（包括 0）则不进。

例如：将下列数字修约到只保留一位小数。

　　修约前　　0.3500　　0.4500　　1.0500

　　修约后　　0.4　　　0.4　　　1.0

⑤ 所拟舍弃的数字若为两位以上数字，不得连续多次修约，应根据所舍弃数字中左边第一个数字的大小，按上述规则依次修约出结果来。

例如：将 25.4546 修约成整数。

正确的做法是：

    修约前　　　　修约后
    25.4546　　　　25

不正确的做法是：

    修约前　　一次修约　　二次修约　　三次修约　　四次修约
    25.4546　　25.455　　　25.46　　　25.5　　　　26

归纳就是：四舍六入五考虑，五后非零则进一，五后皆零视奇偶，五前为偶应舍去，五前为奇则进一。

4. 记数规则

① 记录测量数据时，只保留一位可疑（不确定）数字。

例如：用最小分度值为 0.1mg 的分析天平称量时，有效数字可以记录到小数点后第四位。用分度标记的吸管或滴定管量取溶液时，读数的有效数字可达其最小分度后一位，保留一位不确定数字。

② 表示精密度时，通常只取一位有效数字。只有测定次数很多时，方可取两位有效数字，且最多只取两位。

③ 在数值计算中，当有效数字位数确定之后，其余数字应按修约规则一律舍去。

④ 在数值计算中，某些倍数、分数、不连续物理量的数目以及不经测量而完全根据理论计算或定义得到的数值，其有效数字的位数可视为无限。这类数值在计算中需要几位就可以写几位。例如：数学中的常数 π、e；三角形面积公式 $S=\dfrac{1}{2}ah$ 中的 $1/2$；$1m=100cm$ 中的 100；测定的次数 n、差方和自由度 f；$Fe_2(SO_4)_3 \cdot 9H_2O$ 中的 2、4、3、9、2；$K_2Cr_2O_7$ 中的氧化还原基本单元为 $1/6 K_2Cr_2O_7$ 时的摩尔质量中的 $1/6$ 等。

⑤ 测量结果的有效数字所能达到的数位不能低于方法检出限的有效数字所能达到的数位。

5. 近似计算规则

（1）加法和减法

几个近似值相加减时，所得和或差的有效数字决定于绝对误差最大的数值，即最后结果的有效数字不超过参加计算的近似值中第一个出现的可疑数字。如在小数的加减计算中，结果所保留的小数点后的位数与各近似值中小数点后位数最少者相同。在实际计算时，保留的位数常比各数值中小数点后位数最少者多留一位小数，而计算结果则按上述规则处理。

例如：　　　　508.4－438.68＋13.046－6.0548
　　　　　＝508.4－438.68＋13.05－6.05＝76.72

最后计算结果只保留一位小数，为 76.7。

当两个很接近的近似数值相减时，其差的有效数字位数会有很多损失。所以，如有可能，应把计算程序组织好，尽量避免之。

（2）乘法和除法

近似值相乘除时，所得积或商的有效数字位数决定于相对误差最大的近似值，即最后结果的有效数字位数要与各近似值中有效数字位数最少者相同。在实际计算中，先将各近似值修约至比有效数字位数最少者多保留一位有效数字，再将计算结果按上述规则处理。例如：

$$0.00676 \times 70.19 \times 6.50273 = 0.00676 \times 70.19 \times 6.502$$
$$= 3.0850975688$$

最后计算结果用三位有效数字表示为：3.09。

对于第一位数是 8 或 9 的近似值，在乘除计算中有效数字的位数可多计一位。例如：

  0.983 可视为四位有效数字

  80.44 可视为五位有效数字

（3）乘方和开方

近似值乘方和开方时，原近似值有几位有效数字，计算结果就可保留几位有效数字。例如：

$$6.54^2 = 42.7716$$

保留三位有效数字则为 42.8。

$$\sqrt{7.39} = 2.718455444\cdots$$

保留三位有效数字则为 2.72。

（4）对数和反对数

在近似值的对数计算中，所取对数的小数点的位数（不包括首数）应与真数的有效数字位数相同。例如：

求 [H^+] 为 7.98×10^{-2} mol/L 溶液的 pH 值。

$$[H^+] = -\lg(7.98 \times 10^{-2}) \text{mol/L}$$
$$pH = -\lg[H^+] = -\lg(7.98 \times 10^{-2}) = 1.098$$

求 pH=3.20 溶液的 [H^+]。

$$pH = -\lg[H^+] = 3.20$$
$$[H^+] = 6.3 \times 10^{-4} \text{mol/L}$$

（5）平均值

求四个或四个以上准确度接近的近似值的平均值时，其有效数字可增加一位。例如求下列近似值 X：3.77，3.70，3.79，3.80，3.72

$$X = (3.77 + 3.70 + 3.79 + 3.80 + 3.72)/5 = 3.756$$

(6) 差方和、方差和标准偏差

差方和 S、方差 S^2 和标准偏差 S 有下式定义和计算：

$$S = \sum_{i=1}^{n} x_i^2 - \frac{1}{n}(\sum_{i=1}^{n} x_i)^2$$

$$S^2 = \frac{1}{n-1}\left[\sum_{i=1}^{n} x_i^2 - \frac{1}{n}(\sum_{i=1}^{n} x_i)^2\right]$$

$$S = \sqrt{\frac{1}{n-1}\left[\sum_{i=1}^{n} x_i^2 - \frac{1}{n}(\sum_{i=1}^{n} x_i)^2\right]}$$

并在每一步计算过程中对中间结果不做修约，只将最后结果修约到要求的位数。

(二) 可疑数据的取舍

1. 离群数据和可疑数据

明显歪曲试验结果的测量数据，既与正常数据不是来自同一分布总体的数据，称为离群数据，包括离群值、离群均值和离群方差。

可能会歪曲试验结果，但尚未经过检验判定其是离群数据的测量数据称为可疑数据。

2. 离群数据的产生

一组正常的测量数据应来自具有一定分布的总体。但如果实验条件发生了明显的改变，或在实验过程中出现了过失误差，那么由此产生的测量数据就与正常数据不属于同一分布总体，即出现了离散程度较大的离群数据。

3. 离群数据的检验与剔除

剔除了测量数据中的离群数据，会使测量结果更符合客观实际，然而，正常数据总具有一定的分散性，如果为了能得到精密度好的结果而人为地删去一些误差较大并非离群的测量数据，则由此得到的精密度很高的测量结果并不符合客观实际。因此，可疑数据的取舍必须遵循一定的原则。测量中发现明显的系统误差和过失误差，由此产生的数据应随时剔除。而可疑数据的取舍应采用统计方法进行判别，即离群数据的统计检验。检验方法很多，现介绍常用的两种。

(1) 狄克逊 (Dixon) 检验法

此法适用于一组测量值的一致性检验和剔除离群值，本法中对最小可疑值和最大可疑值进行检验的公式因样本的容量 (n) 不同而异，检验方法如下。

① 将一组测量数据从小到大顺序排列为 $x_1, x_2, \cdots, x_n$，x_1 和 x_n 分别为最小和最大可疑值；

② 按表 1-13 计算式求 Q 值；

表 1-13　狄克逊检验条件 Q 计算公式

n 值范围	可疑数据为最小值 x_1 时	可疑数据为最大数值 x_n 时	n 值范围	可疑数据为最小值 x_1 时	可疑数据为最大数值 x_n 时
3～7	$Q=\dfrac{x_2-x_1}{x_n-x_1}$	$Q=\dfrac{x_n-x_{n-1}}{x_n-x_1}$	11～13	$Q=\dfrac{x_3-x_1}{x_{n-1}-x_1}$	$Q=\dfrac{x_n-x_{n-2}}{x_n-x_2}$
8～10	$Q=\dfrac{x_2-x_1}{x_{n-1}-x_1}$	$Q=\dfrac{x_n-x_{n-1}}{x_n-x_2}$	14～25	$Q=\dfrac{x_3-x_1}{x_{n-2}-x_1}$	$Q=\dfrac{x_n-x_{n-2}}{x_n-x_3}$

③ 根据给定的显著性水平（a）和样本容量（n），从表 1-14 查得临界值（Q_a）；

④ 若 $Q \leqslant Q_{0.05}$ 则可疑值为正常值；若 $Q_{0.05} < Q \leqslant Q_{0.01}$ 则可疑值为偏离值；若 $Q > Q_{0.01}$ 则可疑值为离群值。

【例 1-3】一组测定值按从小到大顺序排列为 14.65，14.90，14.90，14.92，14.95，14.96，15.00，15.00，15.01，15.02。检验最小值 14.65 是否为离群值。

解： 检验最小值 $x_1 = 14.65$，当 $n = 10$，$x_2 = 14.90$，$x_{n-1} = 15.01$

$$Q = \frac{x_2 - x_1}{x_{n-1} - x_1} = \frac{14.90 - 14.65}{15.01 - 14.65} = 0.694$$

查表 1-14，当 $n = 10$，给定显著性水平 $a = 0.01$ 时，$Q_{0.01} = 0.597$

$Q > Q_{0.01}$，故最小值 14.65 为离群值应予剔除。

检验最大值 $x_n = 15.02$

$$Q = \frac{x_n - x_{n-1}}{x_n - x_2} = \frac{15.02 - 15.01}{15.02 - 14.90} = 0.0833$$

查表 1-14 可知，$Q_{0.05} = 0.477$

$Q < Q_{0.05}$，故最大值 15.02 为正常值。

表 1-14　狄克逊检验临界值（Q_a）

n	显著性水平(a)		n	显著性水平(a)	
	0.05	0.01		0.05	0.01
3	0.941	0.988	12	0.546	0.642
4	0.765	0.889	13	0.521	0.615
5	0.642	0.780	14	0.546	0.641
6	0.560	0.698	15	0.525	0.616
7	0.507	0.637	16	0.507	0.595
8	0.554	0.683	17	0.490	0.577
9	0.512	0.635	18	0.475	0.561
10	0.477	0.597	19	0.462	0.547
11	0.576	0.679	20	0.450	0.535

续表

n	显著性水平(a)		n	显著性水平(a)	
	0.05	0.01		0.05	0.01
21	0.440	0.524	24	0.413	0.497
22	0.430	0.514	25	0.406	0.489
23	0.421	0.505			

(2) 格鲁勃斯（Grubbs）检验法

此法适用于检验多组测量值的均值的一致性和剔除多组测量值中的离群均值；也可用于检验一组测量值的一致性和剔除一组测量值中的离群值，方法如下。

① 有 L 组测定值，每组 n 个测定值的均值分别为 $\overline{x}_1, \overline{x}_2, \cdots, \overline{x}_i, \cdots, \overline{x}_L$，其中最大均值记为 $\overline{x}_{\max}$，最小均值记为 $\overline{x}_{\min}$；

② 由 n 个均值计算总均值（$\overline{\overline{x}}$）和标准偏差（$S_{\overline{x}}$）：

$$\overline{\overline{x}} = \frac{1}{L}\sum_{i=1}^{L}\overline{x}_i \qquad S_{\overline{x}} = \sqrt{\frac{1}{L-1}\sum_{i=1}^{L}(\overline{x}_i - \overline{\overline{x}})^2}$$

③ 可疑均值为最大值（$x_{\max}$）时，按下式计算统计量（T）：

$$T = \frac{\overline{x}_{\max} - \overline{\overline{x}}}{S_{\overline{x}}}$$

④ 可疑数值为最小值 $x_{\min}$ 时，按下式计算（T）：

$$T = \frac{\overline{\overline{x}} - \overline{x}_{\min}}{S_{\overline{x}}}$$

⑤ 根据测定值组数和给定的显著性水平（a），从表 1-15 查得临界值（T）；

⑥ 若 $T \leqslant T_{0.05}$，则可疑均值为正常均值；若 $T_{0.05} < T \leqslant T_{0.01}$，则可疑均值为偏离均值；若 $T > T_{0.01}$，则可疑均值为离群均值，应予剔除，即剔除含有该均值的一组数据。

表 1-15　格鲁勃斯检验临界值（T_a）

L	显著性水平		L	显著性水平	
	0.05	0.01		0.05	0.01
3	1.153	1.155	7	1.938	2.097
4	1.463	1.492	8	2.032	2.221
5	1.672	1.749	9	2.110	2.322
6	1.882	1.944	10	2.176	2.410

续表

L	显著性水平		L	显著性水平	
	0.05	0.01		0.05	0.01
11	2.234	2.485	19	2.532	2.854
12	2.285	2.050	20	2.557	2.884
13	2.331	2.607	21	2.580	2.912
14	2.371	2.659	22	2.603	2.939
15	2.409	2.705	23	2.624	2.963
16	2.443	2.747	24	2.644	2.987
17	2.475	2.785	25	2.663	3.009
18	2.504	2.821			

【例 1-4】10 个实验室分析同一样品，各实验室 5 次测定的平均值按顺序大小为：4.41，4.49，4.50，4.51，4.64，4.75，4.81，4.95，5.01，5.39。检验最大值 5.39 是否为离群均值？

解：$\bar{\bar{x}} = \dfrac{1}{10}\sum\limits_{i=1}^{10}\bar{x}_i = 4.746$

$$S_{\bar{x}} = \sqrt{\dfrac{1}{10-1}\sum\limits_{i=1}^{10}(\bar{x}_i - \bar{\bar{x}})^2} = 0.305$$

则统计量 $T = \dfrac{\bar{x}_{\max} - \bar{\bar{x}}}{S_{\bar{x}}} = \dfrac{5.39 - 4.746}{0.305} = 2.11$

当 $L=10$，给定显著水平 $a=0.05$ 时，查表 1-15 得临界值 $T_{0.05} = 2.176$。

故 $T < T_{0.05}$，故 5.39 为正常均值，即均值为 5.39 的一组测定值为正常数据。

（三）关于测量结果的置信区间

1. 总体和个体

总体：某项测定对象的全体，称为总体。如测定某样品的全体测定值，就是一个总体。

个体：全体中的一个单位，叫个体。如测定某样品全体测定值中的每个测定值，就是一个个体。

2. 样本和样本容量

样本：总体的一部分称为样本。

样本容量：指样本所含个体的数目。

3. 统计量

样本的函数,称为统计量。如:常用的有样本均值 $\bar{x}$,方差 S^2,标准偏差 S 和相对标准偏差 RSD,极差 R 等。正态分布:在相同条件下,重复实验的结果和测量中的随机误差遵从的分布。正态分布图见图 1-3,其分布曲线由正态分布概率密度函数给出。

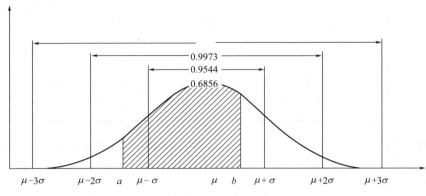

图 1-3 正态分布图

$$\varphi(x) = \frac{1}{\sqrt{2\pi}\sigma} e^{-\frac{(x-\mu)^2}{2\sigma^2}}$$

式中　x——该分布中抽取的样本值;
　　　μ——正态分布的总体均值,即期望值;
　　　σ——正态分布的总体标准偏差,反映数据的分散程度。

经计算得知,正态分布的样本落在下列区间内外的概率如表 1-16 所示。

表 1-16　正态分布概率

区间 R	落在 R 内的概率/%	落在 R 外的概率/%	区间 R	落在 R 内的概率/%	落在 R 外的概率/%
$\mu \pm 1.00\sigma$	68.26	31.74	$\mu \pm 2.000\sigma$	95.44	4.56
$\mu \pm 1.645\sigma$	90.00	10.00	$\mu \pm 2.567\sigma$	99.00	1.00
$\mu \pm 1.960\sigma$	95.00	5.00	$\mu \pm 3.000\sigma$	99.73	0.27

五、实验室质量保证

实验室质量保证是测定系统中的重要部分,它分为实验室内质量控制和实验室间质量控制,目的是保证测量结果有一定的精密度和准确度。实验室的质量保证必须建立在完善的实验室基础工作之上,实验室的各种条件和分析人员是要符合一定要求的。

(一) 实验室基础条件

1. 实验室环境

应保持实验室整洁、安全的操作环境,通风良好,布局合理,安全操作。做到相互干扰的监测项目不在同一实验室内操作。对可产生刺激性、腐蚀性、有毒气体的实验操作应在通风柜内进行。分析天平应设置专室,做到避光、防震、防尘、防腐蚀性气体和避免对流空气。化学试剂贮藏室必须防潮、防火、防爆、防毒、避光和通风。

2. 实验用水

一般分析实验用水电导率应小于 $3.0\mu S/cm$。特殊用水则按有关规定制备,检验合格后使用。盛水容器应定期清洗,以保持容器清洁,防止玷污而影响水的质量。

3. 实验器皿

根据实验需要,选用合适材质的器皿,使用后应及时清洗、晾干,防止灰尘等玷污。

4. 化学试剂

应采用符合分析方法所规定的等级的化学试剂。配制一般试液,应不低于分析纯级。取用时,应遵循"量用为出,只出不进"的原则,取用后及时密塞,分类保存,严格防止试剂被玷污。不应将固体试剂与液体试剂或试液混合贮放。经常检查试剂质量,一经发现变质、失效的试剂应及时废弃。

5. 试液的配制和标准溶液的标定

① 试液应根据使用情况适量配制。选用合适材质和容积的试剂瓶盛装,注意瓶塞的密封性。

② 用精密称量法直接配制标准溶液,应使用基准试剂或纯度不低于优级纯的试剂,所用溶剂应为《实验室用水规格》(GB 6682—86)规定的二级以上纯水或优级纯(不得低于分析纯)溶剂。称样量不应小于 0.1g,用检定合格的容量瓶定容。

③ 用基准物标定法配制的标准溶液,至少平行标定三份,平行标定相对偏差不大于 0.2%,取其平均值计算溶液的浓度。

④ 试剂瓶上应贴有标签,应写明试剂名称、浓度、配制日期和配制人。试液瓶中试液一经倒出,不得返回。保存于冰箱内的试液,取用时应置室温使达平衡后再量取。

(二) 实验室内部质量控制

实验室内质量保证又称内部质量控制,是实验室分析人员对分析质量进行自我控制及内部质控人员对其实施质量控制技术管理的过程。实验室内质量控制的目的在于控制监测分析人员的实验误差，使之达到容许范围内，保证测量结果有一定的精密度和准确度，使分析数据在给定的置信水平内，有把握达到所要求的质量。

实验室内质量控制功效的正确体现，首先注重分析人员的业务素质和技术水平，然后强调实验室的基础条件和所用方法的正确与否，最后才是合理地实施质量控制技术。

通常使用的质量控制技术有平行样分析、加标回收率分析、密码样和密码加标样分析、标准物质（或质控样）对比分析、室内互检、室间外检、方法比较分析和实验允许差以及质量控制图等。这些控制技术各有其特点和适用范围。

1. 平行样分析

平行样分析是指同一样品的两份或多份子样在完全相同的条件下进行同步分析。一般是做双份平行。对于某些要求严格的测试，例如标定标准溶液、检校仪器等，也有同时做 3~5 份平行测定的。平行样分析反映的是分析结果的精密度，可以检查同批测试结果的稳定情况。

在日常工作中，可按照样品的复杂程度、所用方法和仪器的精度以及分析操作的技术水平等因素安排平行样的数量。条件允许时，应全部做平行双样分析。否则，至少应按同批测试的样品数，随机抽取 10%~20% 的样品进行平行双样测定。一批样品的数量较少时，应增加平行样的测定率，保证每批样品测试中至少测定一份平行双样。

使用经过验证的分析方法进行平行样测定时，其结果的精密度应符合方法给定的室内标准差（或相对标准差）的要求，或按照方法的允许差进行判断。无论用哪种指标衡量，凡不符合要求时，即应找出原因之所在，并重新分析原样品。

2. 加标回收率分析

在测定样品的同时，于同一样品的子样中加入一定量的标准物质进行测定，将其测定结果扣除样品的测定值，以计算回收率。

进行加标回收率测定时，应注意以下几方面。

① 加标物质的形态应该和待测物的形态相同。

② 加标样品和样品中所含待测物浓度应该控制在精密度相等的范围内，一般情况下规定：

a. 加标量应尽量与样品中待测物含量相等或相近，并应注意对样品容积的影响；

b. 当样品中待测物含量接近方法检出限时，加标量应控制在校准曲线的低浓度范围；

c. 在任何情况下加标量均不得大于待测物含量的 3 倍；

d. 加标后的测定值不应超出方法的测定上限的 90%；

e. 当样品中待测物浓度高于校准曲线的中间浓度时，加标量应控制在待测物浓度的半量。

③ 由于加标样与样品的分析条件完全相同，其中干扰物质和不正确操作因素所致的效果相等。当以其测定结果的减差计算回收率时，常不能确切反映样品测定结果的实际差错。

加标回收率的测定率可以和平行样的测定率相同。一般多按随机抽取10%～20%的样品量做加标回收率分析，所得结果可按方法规定的水平进行判断，或在质量控制图中检验。二者都无依据时，可按 95%～105% 的域限做判断。超出此域限的，再按测定结果的标准差、自由度、给定的置信限和加标量计算可接受限 P，计算公式如下：

$$P_{下限}=0.95-t(n',P)sp/D$$
$$P_{上限}=1.05-t(n',P)sp/D$$

式中　$t(n',P)$ ——自由度为 n'，概率为 P 的 t 值；

sp ——加标回收量的标准差；

D ——加标量或预期回收量。

加标回收率的测定可以反映测试结果的准确度。当按照平行加标进行回收率测定时，所得结果既可以反映测试结果的准确度，也可以判断其精密度。以上两项质量控制技术都是由分析者本人安排实施的，是自控方式的质量控制技术。

3. 密码样和密码加标样分析

这种质量控制技术适于设有质量控制的专设机构或专职人员的单位使用。由于设有专职人员，就可以将一定数量的已知样品（标准样或质控样）和常规样品同时安排给分析人员进行测定，这些已知样品对分析者本人都是未知样（密码样），测试结果经专职人员核对无误，即表示数据的质量是可以接受的。

密码加标样由专职人员在随机抽取的常规样品中加入适量标准物质（或标准溶液），与样品同时交付分析人员进行分析，测定结果由专职人员计算加标回收率，以控制分析测试的质量——测试结果的精密度和准确度。

这是一种他控方式的质量控制技术。测定率可以和平行加标率的相同。

4. 标准物质（或质控样）对比分析

标准物质（或质控样）被用于实验室内（个人）质量控制时，常将其与样品做同步测定，将所得结果与保证值（或理论值）相比，以评价其准确度，从而推断是否存在系统误差，或出现异常情况。

5. 室内互检

在同一实验室的不同分析人员之间的相互检查和比对分析，可以是自控，也可以是他控方式的质量控制技术。由于分析人员不同，实验条件也不完全相同，因而可以避免仪器、试剂以至习惯性操作等因素带来的影响。当不同分析人员分别测定的结果相一致时，即可认为工作质量是可以接受的。否则，应各自查找原因，并重新分析原样品。

6. 室间外检

将同一样品的子样分别交付不同的实验室进行分析，以检验分析的系统误差。因为不同实验室的各种条件都不尽相同，而且所用方法也不强求一致，所以，当其测定结果相符时，即可判断测试结果是可以接受的。如若相互之间的结果不符，则应各自查找原因，并重新分析原样品。

室内互检和室间外检这两种质量控制技术主要是以他控方式进行。由于需要同一样品的多份子样，当样品分装、保存和传输等条件不便实施时，这种技术的应用将受到限制。

7. 方法比较分析

方法比较分析是对同一样品使用具有可比性的不同方法进行测定，并将测试结果进行比较。由于不同方法对样品的反应不同，所用试剂、仪器也多有差别，如果不同方法所得结果一致，则表示分析工作的质量可靠，结果正确。但是，正由于不同方法所需手段、试剂等条件不同，手续相对繁琐，一般常规监测中不便使用，多用于重大的仲裁性监测或对标准物质进行定值等工作中。

8. 质量控制图

（1）质量控制图的组成

质量控制图是实验室内部实行质量控制的一种常用的、简便有效的方法，对经常性的分析项目常用控制图来控制质量，它可以用于准确度和精密度的检验。

质量控制图的基本原理是由 W. A. Shewart 提出来的，他指出：每一个方法都存在着变异，都受时间和空间的影响，即使在理想的条件下获得的一组分析结果，也会存在着一定的随机误差。但当某一结果超出了随机误差的允许范围时，运用数理统计的方法，可以判断这个结果是异常的、不足信的。质量控制图可以起到监测的仲裁作用。

质量控制图主要是反映分析质量的稳定性情况，以便及时发现某些偶然的异常现象，随时采取相应的校正措施。编制质量控制图的基本假设是：测定结果在受控条件下具有一定的精密度和准确度，并按正态分布。

质量控制图一般采用直角坐标系。横坐标代表抽样次数或样品序号，纵坐标代表作为质量控制指标的统计值。质量控制图的基本组成见图 1-4。

预期值——即图中的中心线；

目标值——图中上下警告限；

实测值的可接受范围——图中上下控制限之间区域；

辅助线——上下各一线，在中心线两侧与上下警告限之间各一半处。

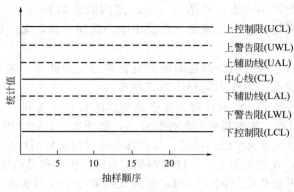

图 1-4　质量控制图的基本组成

（2）质量控制图的绘制和使用方法

质量控制图可分均值控制图和均数-极差控制图两种。

① 均值控制图（$\bar{x}$ 图）　主要考查平行样测定的平均值 $\bar{x}$ 与总体平均值 $\bar{\bar{x}}$ 的接近程度。

均值控制图的编制：编制质量控制图时，需要准备一份质量控制样品，控制样品的浓度与组成尽量与环境样品相近，且性质稳定而均匀。编制时，要求在一定时间内，分批地用与分析环境样品相同的分析方法分析控制样品 20 份以上（每次平行分析两份，求其平均值 $\bar{x}_i$），其分析数据按下列公式计算总体平均值 $\bar{\bar{x}}$、标准偏差 S（此值不得大于标准分析方法中规定的相应浓度水平的标准偏差值）和平均极差 R 等值，以此来绘制质量控制图。

$$\bar{x}_i = \frac{x_i + x_i'}{2} \qquad \bar{\bar{x}} = \frac{\sum \bar{x}_i}{n}$$

$$S = \sqrt{\frac{\sum \bar{x}_i^2 - \frac{(\sum \bar{x}_i)^2}{n}}{n-1}}$$

$$R_i = |x_i - x_i'| \qquad \bar{R} = \frac{\sum R_i}{n}$$

以测定顺序为横坐标，相应的测定值为纵坐标。同时作有关控制线。

中心线——以总体数均值 $\bar{\bar{x}}$ 估计 μ；

上、下控制线——按 $\bar{\bar{x}} \pm 3S$ 值绘制；

上、下警告线——按 $\bar{\bar{x}} \pm 2S$ 值绘制；

上、下辅助线——按 $\bar{\bar{x}} \pm S$ 值绘制。

在绘制控制图时，落在 $\bar{\bar{x}} \pm S$ 范围内的点数应占总数 68%，若小于 50%，则分布不合适,此图不可靠。若落在 $\bar{x} \pm S$ 范围的点数在 50%~68% 之间,此图虽可用,但可靠性较差。若连续 7 点位于中心线同一侧,表示数据失控,此图不适用。

控制图绘制后,应标明绘制控制图的有关内容与条件,如测定项目、分析方法、样品浓度、温度、操作人员和绘制日期等。

均值控制图的使用:根据日常工作中该项目的分析频率和分析人员的技术水平,每间隔适当时间,取两份平行的控制样品,随环境样品同时测定;对操作技术水平较低的人员和测定频率低的项目,每次都应同时测定控制样品;将控制样品的测定结果 $\bar{x}_i$ 依次点在控制图上,根据下列规定检验分析过程是否处于控制状态。

若此点在上下警告限之间区域内,则测试结果处于控制状态,环境样品分析结果有效。

若此点超出上述区域,但仍在上下控制限之间的区域内,表示分析质量开始变劣,可能存在"失控"倾向,应进行初步检查,并采取相应的校正措施。此时环境样品的分析结果仍然有效。

若此点落在上下控制限以外,则表示测定过程已经失控,应立即查明原因,予以纠正。

若遇到 7 点连续上升或下降时,表示测定有失去控制的倾向,应立即查明原因,予以纠正。

即使过程处于控制状态,尚可根据相邻几次测定值的分布趋势,对分析质量可能发生的问题进行初步判断。

当控制样品测定次数积累更多之后,这些结果可以和原始结果一起重新计算总平均值、标准偏差,再校正原来的控制图。

【例 1-5】某一铜的控制水样,积累测定 20 个平行样,其结果见表 1-17,试作均值控制图。

表 1-17 铜控制水样测定结果

序号	$\bar{x}_i$/(mg/L)	序号	$\bar{x}_i$/(mg/L)	序号	$\bar{x}_i$/(mg/L)	序号	$\bar{x}_i$/(mg/L)	序号	$\bar{x}_i$/(mg/L)
1	0.251	5	0.290	9	0.262	13	0.263	17	0.225
2	0.250	6	0.260	10	0.234	14	0.300	18	0.250
3	0.250	7	0.240	11	0.229	15	0.262	19	0.256
4	0.263	8	0.235	12	0.250	16	0.270	20	0.250

解: 总均值 $\bar{\bar{x}} = \dfrac{\sum \bar{x}_i}{n} = 0.256 \text{(mg/L)}$

标准偏差 $S = \sqrt{\dfrac{\sum \bar{x}_i^2 - (\sum \bar{x}_i)^2}{n-1}} = 0.020 \text{(mg/L)}$

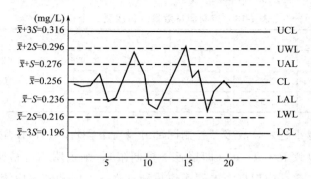

图 1-5 均值控制图

$\bar{\bar{x}}+S=0.276(\mathrm{mg/L})$　　$\bar{\bar{x}}-S=0.236(\mathrm{mg/L})$

$\bar{\bar{x}}+2S=0.296(\mathrm{mg/L})$　　$\bar{\bar{x}}-2S=0.216(\mathrm{mg/L})$

$\bar{\bar{x}}+3S=0.316(\mathrm{mg/L})$　　$\bar{\bar{x}}-3S=0.196(\mathrm{mg/L})$

根据上述数据，绘制均值控制图，见图 1-5。

② 均数-极差控制图（$\bar{x}$-R 图，见图 1-6）　均数-极差控制图不仅可以考察测定平均值 $\bar{x}$ 与总体平均值的接近程度，而且还能反映极差的变化情况。

有时分析平行样的平均值与总均值很接近，但极差较大，显然属质量较差。而采用均数-极差控制图就能同时考察均数和极差的变化情况。

$\bar{x}$-R 控制图包括下述内容：

均数控制图部分

极差控制图部分

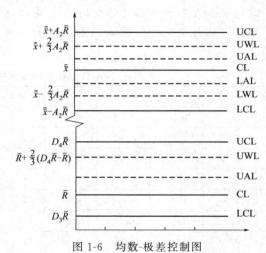

图 1-6 均数-极差控制图

中心线——$\bar{\bar{x}}$　　上控制限——$D_4\bar{R}$

上、下控制限——$\bar{\bar{x}} \pm A_2\bar{R}$　　上警告限——$\bar{R}+\dfrac{2}{3}(D_4\bar{R}-\bar{R})$

上、下警告限——$\bar{\bar{x}} \pm \dfrac{2}{3}A_2\bar{R}$　　上辅助限——$\bar{R}+\dfrac{1}{3}(D_4\bar{R}-\bar{R})$

上、下辅助线——$\bar{\bar{x}} \pm \dfrac{1}{3}A_2\bar{R}$　　下控制限——$D_3\bar{R}$

系数 A_2、D_3、D_4 可从表 1-18 查出。

表 1-18　控制图系数表（每次测 n 个样品）

系数	2	3	4	5	6	7	8
A_2	1.88	1.02	0.73	0.58	0.48	0.42	0.37
D_3	0	0	0	0	0	0.076	0.136
D_4	3.27	2.58	2.28	2.12	2.00	1.92	1.86

因为极差越小越好，故极差控制图部分没有下警告限。但使用过程中，如 R 值稳定下降，以致 $R \approx D_3 \overline{R}$（即接近下控制限），则表明测定精密度已有提高，原质量控制图失效，应根据新的测定值重新计算 $\overline{x}$、$\overline{R}$ 和各相应统计量，改绘新的 $\overline{x}$-R 图（图 1-6）。

$\overline{x}$-R 图使用原则也是一样，只是两者中任一个超出控制限（不包括 R 图部分的下控制限），即认为"失控"，故其灵敏度较单纯的 $\overline{x}$ 图或 R 图高。

【例 1-6】用镉试剂法测镉。以浓度为 1mg/L 的控制样品每次作两个平行测定。其结果如表 1-19，据此绘制均数-极差控制图。

解：根据每次平行样数据 x_i 和 x_i'，计算平均值（$\overline{x}$）和极差（R）并填于表 1-19。

表 1-19　镉试剂法测镉含量　　　　　　　　　　　　　单位：mg/L

序号	x_i	x_i'	$\overline{x}$	R_i	序号	x_i	x_i'	$\overline{x}$	R_i
1	1.00	0.96	0.98	0.04	11	1.00	0.98	0.99	0.02
2	0.98	1.00	0.99	0.02	12	0.98	0.96	0.97	0.02
3	0.92	1.00	0.96	0.08	13	0.99	0.96	0.975	0.03
4	0.94	1.02	0.98	0.08	14	1.00	0.95	0.975	0.05
5	0.98	1.00	0.985	0.03	15	0.98	0.96	0.97	0.02
6	0.97	1.00	0.99	0.02	16	1.04	0.95	0.995	0.09
7	0.99	1.05	1.02	0.06	17	1.03	1.00	1.015	0.03
8	0.97	0.99	0.98	0.02	18	0.97	0.99	0.98	0.08
9	1.02	1.00	1.01	0.02	19	1.02	0.94	0.98	0.08
10	0.97	0.95	0.96	0.02	20	1.02	0.94	0.98	0.08

计算总均数 $\overline{\overline{x}} = \dfrac{\sum \overline{x}}{n} = 0.98$

变异系数 $C_v = \dfrac{S}{\overline{\overline{x}}} \times 100\% = 3.16\%$

平均极差 $\overline{R} = \dfrac{\sum R_i}{n} = 0.042$

镉的监测方法中规定当镉浓度大于 0.1mg/L 时，$C_v \leqslant 4\%$，故上述数据"合格"。

均数上、下控制限为 $\bar{\bar{x}} \pm A_2\bar{R}$，分别为 1.06 和 0.90；

均数上、下警告限为 $\bar{\bar{x}} \pm \frac{2}{3}A_2\bar{R}$，分别为 1.03 和 0.93；

均数上、下辅助限为 $\bar{\bar{x}} \pm \frac{1}{3}A_2\bar{R}$，分别为 1.006 和 0.954；

极差上控制限为 $D_4\bar{R} = 0.14$；

极差上警告限为 $\bar{R} + \frac{2}{3}(D_4\bar{R} - \bar{R}) = 0.11$；

极差上辅助限为 $\bar{R} + \frac{1}{3}(D_4\bar{R} - \bar{R}) = 0.075$；

极差下控制限为 $D_3\bar{R} = 0$。

据此绘成均数-极差控制图，如图 1-7。

由于实际样品的浓度是变化的，而 $\bar{x}$-R 图中 R 值随浓度改变而变化，因此需要绘制一系列不同浓度水平的 R 图。在使用 R 图时最关心的是 R 值是否超出上控制限，故可对每一监测项目绘制一系列各种浓度范围的上控制限表格，把不同浓度范围的上控制限数据处理到最接近的整数（高浓度时）或保留一位小数。这一系列的 R 值称为临界限（R_c），用它作为不同浓度水平的极差控制是很方便实用的。见表 1-20。

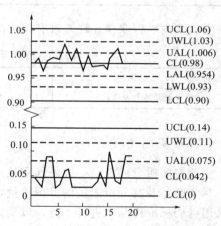

图 1-7 镉的均数-极差控制图

表 1-20 某些项目平行样品测定的临界限（R_c）参考表

项 目	浓度范围	上控制限（UCL）	临界限（R_c）
BOD$_5$/(mg/L)	$1 < c < 10$	3.4	3.5
	$20 < c < 25$	6.34	6
	$25 < c < 50$	10.9	11
	$50 < c < 150$	21.3	21
	$150 < c < 300$	36.3	36
	$300 < c < 1000$	39.6	40
	1000 以上	57.9	58

续表

项 目	浓度范围	上控制限（UCL）	临界限（R_c）
Cr 含量/(μg/L)	$5<c<10$	1.05	1
	$10<c<25$	1.86	2
	$25<c<50$	3.66	4
	$50<c<150$	12.4	12
	$150<c<500$	17.2	17
	500 以上	74.9	75
Cu 含量/(μg/L)	$5<c<15$	3.04	3
	$15<c<25$	4.41	4
	$25<c<50$	4.73	5
	$50<c<100$	7.62	8
	$100<c<200$	9.19	9
	200 以上	14.9	15

实验室内平行双样允许差没有规定的可参考表 1-21。

表 1-21 平行双样允许差参考表

分析结果所在数量级（单位：g/L）	10^{-4}	10^{-5}	10^{-6}	10^{-7}	10^{-8}	10^{-9}	10^{-10}
相对偏差最大允许值	1%	2.5%	5%	10%	20%	30%	50%

（三）实验室间质量控制

实验室间质量保证是一种外部质量控制，是指由外部的第三者如上级监测机构，对实验室及其分析人员的分析质量，定期或不定期实行考察的过程。它一般是采用密码标准样品来进行考查，以确定实验室报出可接收的分析结果的能力，并协助判断是否存在系统误差，和检查实验室间数据的可比性。实验室间质量控制的目的是为了检查各实验室是否存在系统误差，找出误差来源，提高实验室的监测分析水平。

实验室间质量控制的主要方法为能力验证，即由外部的第三者如上级监测机构统一发放质控样品，统一编号，确定分析项目、分析方法及注意事项等，各实验室按要求时间完成并报出结果，主管单位根据考核结果给出优秀、合格、不合格等能力验证结论。

实验室间分析质量考核程序如下：

① 由质控协调实验室制订考核实施方案，分发考核样品；

② 参加考核的实验室应在规定的期限内完成样品测试，并按考核方案要求上报有关数据和资料；

③ 组织单位对各考核实验室的上报数据进行综合统计处理，对考核结果作

出分析评价,并将考核结果反馈被考核单位;

④ 考核合格者由考核主持机构发给合格证书。

思 考 题

1. 什么叫误差、绝对误差和相对误差?
2. 产生系统误差的因素有哪些? 系统误差有何特点?
3. 随机误差有何特点? 怎样减少分析过程中产生的随机误差?
4. 相对误差与相对偏差的区别在哪里? 各自的数学表达式是什么?
5. 根据有效数字运算规则,计算下列各式:

(1) $2.187 \times 0.854 + 9.6 \times 10^{-5} - 0.0326 \times 0.00814$

(2) $51.38/(8.709 \times 0.09460)$

6. 何谓精密度? 何谓准确度? 它们在质量管理中有何作用?
7. 灵敏度、检测限和测定限有何不同?
8. 准确度怎样表示? 如何评价分析系统的准确度?
9. 实验室内质量控制有哪些主要方法?
10. 平行双样分析的作用是什么? 在常规监测中如何使用这项质量控制技术?
11. 用某浓度为 42mg/L 的质量控制水样,每天分析一次平行样,共获得 20 个数据(吸光度 A)顺序为:0.302、0.303、0.305、0.304、0.300、0.305、0.301、0.302、0.308、0.308、0.304、0.305、0.310、0.308、0.309、0.313、0.306、0.310、0.309、0.305,试作 $\bar{x}$ 控制图,并说明在进行质量控制时如何使用此图。

模块二　专业核心技能模块
——水环境监测技能

项目一　水样的采集

● **典型工作任务**

本章介绍了水样贮存容器的要求与洗涤方法，介绍了地面水、工业废水和地下水水样的采集方法，介绍了水样的保存方法。学习本章内容时，要求掌握水样容器的选择原则、材质要求与清洗方法，掌握地面水、工业废水和地下水水样的采集方法，熟悉主要的水质采样器的使用方法。

● **任务驱动**

通过本项目应具备的能力目标、知识目标及素质目标如表2-1。

表2-1　能力、知识与素质目标

能 力 目 标	知 识 目 标	素 质 目 标
1. 项目组成员能根据任务要求进行合理分工,合理安排本组成员的角色； 2. 能查找相关的技术规范和环境专业知识； 3. 能根据技术规范的要求选择合适的采样工具和贮存容器及其清洗方法,并能熟练掌握水质采样器的使用方法； 4. 能正确设计采样所需表单,并规范填写； 5. 能把质量控制方法运用在样品的采集环节中	1. 掌握水样容器的选择原则、材质要求与清洗方法； 2. 掌握地面水、工业废水和地下水水样的采集方法； 3. 掌握水质采样器的使用方法； 4. 掌握水样采集过程中的注意事项； 5. 掌握水样采集环节中的质量控制	1. 养成团队合作、积极进取的协作精神； 2. 学会自我学习,树立追求知识、独立思考、勇于创新的科学态度和踏实肯干、细心严谨、任劳任怨的工作作风； 3. 树立质量意识和规范意识； 4. 学会发现问题、分析和解决问题； 5. 学会与人沟通的能力和临场应变能力； 6. 养成敬业爱岗、严格遵守操作规程的职业道德

● **国家相关标准**

《地表水和污水监测技术规范》(HJ/T 91—2002)

《水污染物排放总量监测技术规范》(HJ/T 92—2002)
《水质自动采样器技术要求及检测方法》(HJ/T 372—2007)
《水质 采样技术指导》(HJ 494—2009)
《水质采样 样品的保存和管理技术规定》(HJ 493—2009)
《地下水环境监测技术规范》(HJ/T 164—2004)
《水质 河流采样技术指导》(HJ/T 52—1999)
《生活饮用水标准检验方法 水样的采集和保存》(GB/T 5750.2—2006)

● 知识链接——读一读

一、采样前的准备

采样前，要根据监测项目的性质和采样方法的要求，选择适宜材质的盛水容器和采样器，并清洗干净。

(一) 水样容器的选择

1. 容器材质与水样之间的相互作用

容器材质对于水样在保存期间的稳定性影响很大。一般来说，容器材质与水样的相互作用主要有三个方面。

① 容器材质可溶于水样中，如从塑料容器溶解下来的有机质、填料以及从玻璃容器溶解下来的钠、硅和硼等。

② 容器的材质可吸附水样中某些组分，如玻璃吸附痕量金属，塑料吸附有机质和痕量金属。

③ 水样和容器的材质之间直接发生化学反应，如水样中的氟化物与玻璃容器之间的反应。

所以，对水样容器及其材质应具有明确的要求。

2. 容器的材质选择的注意事项

① 容器不能引起新的玷污。一般的玻璃在贮存水样时可溶出钠、钙、镁、硅、硼等元素，在测定这些项目时应避免使用玻璃容器，以防止新的污染。

② 容器器壁不应吸收或吸附某些待测组分。一般的玻璃容器吸附金属、聚乙烯等塑料、有机物质、磷酸盐和油类，在选择容器材质时应予以考虑。

③ 容器不应与某些待测组分发生反应。如测氟时，水样不能贮存于玻璃瓶中，因为玻璃与氟化物反应。

④ 抗极端温度性能好，抗震性能好，其大小、形状和重量适宜。

⑤ 能严密封口，且易于开启。

⑥ 材料易得，成本较低。

⑦ 容易清洗，并可反复使用。

3. 主要的容器材质

实验室使用的容器材质包括以下四大类。

① 玻璃石英类　主要有软质玻璃（普通玻璃）、硬质玻璃（硼硅玻璃）、高硅氧玻璃和石英。

② 金属类　主要有铂，还有银、铁、镍、锆等。

③ 非金属类　主要有瓷、玛瑙和石墨等。

④ 塑料类　主要有聚乙烯、聚丙烯和聚四氟乙烯等。

其中，实验室较常用的水样容器材质主要是硬质玻璃和聚乙烯塑料。

硬质玻璃：硬质玻璃又称硼硅玻璃，主要成分是二氧化硅、碳酸钾、碳酸钠、碳酸镁、四硼酸钠、氧化锌和氧化铝等。硬质玻璃耐高温、耐腐蚀、耐电压及抗击性能好，透明，但易碎。硬质玻璃材质的容器主要用来作为测定有机物和生物等的水样容器。

聚乙烯塑料：聚乙烯分为低压聚乙烯和高压聚乙烯两种。低压聚乙烯的熔点为 120～130℃，高压聚乙烯的熔点为 110～115℃。聚乙烯是一种软质材料，呈乳白色，是最轻的一种塑料。聚乙烯的化学稳定性和力学性能好，不易破碎。在室温下，不受浓盐酸、氢氟酸、磷酸或强碱溶液的影响，只被浓硫酸（>60%）、浓硝酸、溴水及其他强氧化剂慢慢侵蚀。有机溶剂会侵蚀聚乙烯塑料。聚乙烯材质的容器常作为测定金属、放射性元素和其他无机物的水样容器。

（二）水样容器的清洗

容器的洗涤是处理容器内壁，以减少其对样品的污染或其他相互作用。容器的洗涤要根据水样测定项目的要求来确定清洗容器的方法。

通用的洗涤方法是，玻璃瓶和塑料瓶首先用自来水和清洗剂清洗，以除去灰尘和油垢，再用自来水冲洗干净后用去离子水充分荡洗三次。

对有特殊要求的容器的洗涤方法是，首先用自来水和清洗剂清洗，以除去灰尘和油垢，并用自来水冲洗干净后，再分别按特殊要求进行处理。测定金属类的容器，使用前先用洗涤液清洗后，再用自来水冲洗干净，必要时用 10% 硝酸或盐酸剧烈振荡或浸泡，再用自来水冲净后用蒸馏水清洗干净；测定有机物的玻璃容器，先用洗涤剂清洗，再用自来水冲洗，然后再用蒸馏水清洗干净，加盖存放备用；测定铬的容器，不能用铬酸洗液或盐酸洗液，只能用 10% 硝酸泡洗；测定总汞的采样容器，用 1:3 硝酸洗后放置数小时，然后用自来水和蒸馏水漂洗干净；测定油类的容器，应按通常洗涤方法洗涤后，还要用萃取的洗涤液洗 2～3 次；细菌检验的采样容器，除作普通清洗外，还要做灭菌处理，并在 14 天内使用。

采样容器清洗后应作质量检验，若因洗涤不彻底而有待测物质检出时，整批容器应重新洗涤。

二、地表水样的采集

（一）采样方法

（1）船只采样

利用船只到指定的地点，按深度要求，把采水器浸入水面下采样，该方法比较灵活，适用于一般河流和水库的采样，但不容易固定采样地点，往往使数据不具有可比性。同时，一定要注意采样人员的安全。

（2）桥梁采样

确定采样断面应考虑交通方便，并应尽量利用现有的桥梁采样。在桥上采样安全、可靠、方便，不受天气和洪水的影响，适合于频繁采样，并能在横向和纵向准确控制采样点位置。

（3）涉水采样

较浅的小河和靠近岸边水浅的采样点可涉水采样，但要避免搅动沉积物而使水样受污染。涉水采样时，采样者应站在下游，向上游方向采集水样。

（4）索道采样

在地形复杂、险要，地处偏僻处的小河流，可架设索道采样。

（二）采样设备（采水器）

采集表层水时，可用桶、瓶等容器直接采取。一般将其沉至水面下 0.3～0.5m 处采集。

采集深层水时，可使用如图 2-1 所示的带重锤的采样器沉入水中采集。将采样容器沉降至所需深度（可从绳上的标度看出），上提细绳打开瓶塞，待水样充满容器后提出。对于水流急的河段，宜采用图 2-2 所示的急流采样器。它是将一根长钢管固定在铁框上，管内装一橡胶管，其上部用夹子夹紧，下部与瓶塞上的短玻璃管相连，瓶塞上另有一长玻璃管通至采样瓶底部。采样前塞紧橡胶塞，然后沿船身垂直伸入要求水深处，打开上部橡胶管夹，水样即沿长玻璃管流入样品瓶中，瓶内空气由短玻璃管沿橡胶管排出。这样采集的水样也可用于测定水中溶解性气体。因为它是空气隔绝的。

测定溶解气体（如溶解氧）的水样常用图 2-3 所示的双瓶采样器采集。将采样器沉入要求水深处后，打开上部的橡胶管夹，水样进入小瓶（采样瓶）并将空气驱入大瓶，从连接大瓶短玻璃管的橡胶管排出，直到大瓶中充满水样，提出水面后迅速密封。

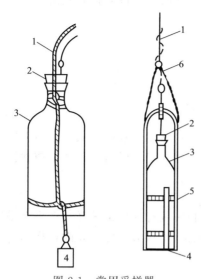
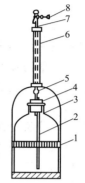

图 2-1　常用采样器

1—绳子；2—带有软绳的橡胶塞；3—采样瓶；4—铅锤；5—铁框；6—挂钩

图 2-2　急流采样器

1—铁框；2—长玻璃管；3—采样瓶；4—橡胶塞；5—短玻璃管；6—钢管；7—橡胶管；8—夹子

地面水监测采样常用的有机玻璃采水器，如图 2-4。该采水器由桶体、带轴的两个半圆上盖和活动底板等构成。桶体内装有水银温度计。采水器桶体容积 1～5L 不等，常用的一般为 2L。有机玻璃采水器用途较广，除油类、细菌学指标等监测项目所需水样不能使用该采水器外，适用于水质、水生生物大部分监测项

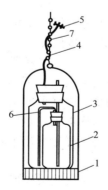
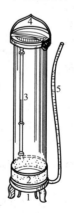

图 2-3　溶解氧采样器

1—带重锤的铁框；2—小瓶；3—大瓶；4—橡胶管；5—夹子；6—塑料管；7—绳子

图 2-4　有机玻璃采水器

1—进水阀门；2—压重铅阀；3—温度计；4—溢水门；5—橡皮管

目测定用样品的采集。

用有机玻璃采水器采样应注意如下事项。

① 有机玻璃采水器放入水体时，应保持与水面垂直，因此当水深流急时，应增加铅锤的重量。

② 采水器到达指定水层后，稍停片刻即可提升出水面。在样品分装前，松开放水胶管夹子，先放掉少量水样，再分装。

③ 有机玻璃采水器（见图2-4）强度较差，在采样过程中容易因碰撞或操作不当，引起采水器损坏。如果发现采水器活动底板漏水或上盖板脱落，应立即停止使用。

此外，还有多种结构较复杂的采样器，例如，深层采水器、电动采水器、自动采水器、连续自动定时采水器等。

（三）水样的类型

1. 瞬时水样

瞬时水样是指在某一时间和地点从水体中随机采集的分散水样。当水体水质稳定或其组分在相当长的时间或相当大的空间范围内变化不大时，瞬时水样具有很好的代表性，当水体组分及含量随时间和空间变化时，就应隔时、多点采集瞬时样，分别进行分析，摸清水质的变化规律。

2. 混合水样

混合水样是指在同一采样点于不同时间所采集的瞬时水样的混合水样。有时称"时间混合水样"，以与其他混合水样相区别。这种水样在观察平均浓度时非常有用，但不适用于被测组分在贮存过程中发生明显变化的水样。

3. 综合水样

把不同采样点同时采集的各个瞬时水样混合后所得到的样品称综合水样。这种水样在某些情况下更具有实际意义。例如，当为几条废水河、渠建立综合处理厂时，以综合水样取得的水质参数作为设计的依据更为合理。

（四）特殊项目的采样方法

1. pH、电导率

测定样品的pH值，应使用密封性好的容器。由于水样的pH值不稳定，且不宜保存，所以采样器采集样品后，应立即灌装。另外，在样品灌装时，应从采样瓶底部慢慢将样品容器完全充满并且紧密封严，以隔绝空气。

灌装样品前，每个样品瓶及瓶塞（盖）必须用水样充分荡洗。方法是，装入样品瓶容积的 1/4 水样，盖紧摇动，倒出洗涤水时，同时冲洗瓶塞，重复操作两次。

测定电导率的样品可参照 pH 测定样品要求采集。也可从测定 pH 的样品中，分取部分样品用于电导率的测定（但不能用已测定过 pH 的样品溶液再去测定电导率）。

2. 溶解氧、生化需氧量

应用碘量法测定水中溶解氧，水样需直接采集到样品瓶中。在采集水样时，要注意不使水样曝气或有气泡残存在采样瓶中。特别的采样器如直立式采水器和专用的溶解氧瓶可防止曝气和残存气体对样品的干扰。如果使用有机玻璃采水器则必须防止搅动水体，入水应缓慢小心。

当样品不是用溶解氧瓶直接采集，而需要从采样器（或采样瓶）分装时，溶解氧样品必须最先采集，而且应在采样器从水中提出后立即进行。用乳胶管一端连接采水器放入嘴或用虹吸法与采样瓶连接，乳胶管的另一端插入溶解氧瓶底。注入水样时，先慢速注至小半瓶，然后迅速充满，至溢流出瓶的水样达溶解氧瓶 1/3～1/2 容积时，在保持溢流状态下，缓慢地撤出管子。

合格的样品一经采集后立即加入保存剂固定。小心移开瓶塞，按顺序加锰盐溶液和碱性碘化钾溶液，加入时需将移液管的尖端缓慢插入样品表面稍下处，慢慢注入试剂。小心盖好瓶塞防止气泡残留在瓶内，将样品倒转 5～10 次以上，并尽快送实验室分析。

在现场用电极法测定溶解氧，可将预先处理好的电极直接放入河水或 1000mL 以上容积的水样瓶中测量。采样方法同上。

测定生化需氧量的样品采集参照溶解氧水样。

3. 浊度、悬浮物及总残渣

浊度、悬浮物及总残渣测定用的水样，在采集后，应尽快从采样器中放出样品，在装瓶的同时摇动采样器，防止悬浮物在采样器内沉降。非代表性的杂质，如树叶、杆状物等应从样品中除去。灌装前，样品容器和瓶盖用水样彻底冲洗。

该类项目分析用样品都难于保存，所以采集后应尽快分析。

4. 重金属污染物、化学耗氧量

水体中的重金属污染物和部分有机污染物都易被悬浮物质吸附。特别在水体中悬浮物含量较高时，样品采集后，采样器内的样品中所含的污染物随着悬浮物的下沉而沉降。因此必须边摇动采样器（或采样瓶）边向样品容器灌装样品，以减少被测定物质的沉降，保证样品的代表性。

样品采集后为防止水体的生物、化学和物理作用，应立即过滤处理或加入固定剂保存。采样中要防止采样现场大气中降尘带来的玷污。

5. 油类

① 测定水中溶解的或乳化的油含量时，应该用单层采水器固定样品瓶在水体中直接灌装，采样后迅速提出水面，保持一定的顶空体积，在现场用石油醚萃取。

测定油类的样品容器禁止预先用水样冲洗。

② 测定水体中包括油膜的油含量时，要一并采集水面上的油膜样品，同时测量油膜厚度和覆盖面积。

采样方法是：将三角漏斗固定在球形分液漏斗上（分液漏斗的体积视样品需要量而定）。采样时，打开分液漏斗的支管活塞，手持分液漏斗，将其倒置迅速插入水中，水样和油膜一并通过三角漏斗进入分液漏斗中，即将充满时，关闭分液漏斗的支管活塞，快速倒转取出水面。

③ 测定水面上薄层油膜的油分含量时，可用一个已知面积的不锈钢格架，格架上布好不锈钢丝网，网上固着容易吸收油类的介质（如厚滤纸、有机溶剂泡洗过的纸浆、硅藻土、合成纤维等）。将不锈钢网格放在水面上吸收漂浮的油分。

（五）采样注意事项

① 水环境的采样顺序是先水质后底质，采集多层次的深水水域样品，应按从浅到深的顺序采集。

② 采样时应避免剧烈搅动水体，任何时候都要避免搅动底质。如发现水体受底质影响发生浑浊，应停止采样，待影响消除后再进行。当水体中漂浮有杂质时，应注意防止漂浮杂质进入采样器，否则应重新采样。用采水塑料桶或样品瓶人工直接采集水体表层水样时，采样容器的口部应该面对水流流向。

③ 采水器的容积有限不能一次完成采样时，可以多次采集，将各次采集的水样集装在洗涤干净的大容器中（容积大于5L的玻璃瓶或聚乙烯桶），样品分装前应充分摇匀。注意混匀样品不适宜于测定溶解氧、BOD、油类、细菌学指标、硫化物及其他有特殊要求的项目。

④ 在样品分装和添加保存剂时，应防止操作现场环境可能对样品的玷污，尤其测定微量物质的样品更应格外小心。要预防样品瓶塞（或盖）受玷污。

⑤ 测定溶解氧、BOD、pH、二氧化碳等项目的水样，采样时必须充满，避免残留空气对测定项目的干扰。测定其他项目的样品瓶，在装取水样（或采样）后至少留出占容器体积10%的空间，一般可装在瓶肩处，以满足分析前样品充分摇匀。

⑥ 从采样器往样品瓶注入水样时，应沿样品瓶内壁注入，除特殊要求外，放水管不要插入液面下装样。

⑦ 除现场测定项目外，样品采集后应立即按保存方法采取措施，加保存剂的样品应在采样现场进行。在加保存剂时，除碘量法测定溶解氧的样品，移液管插入液面下加入保存剂外，一般项目加保存剂时，移液管嘴应靠瓶口内壁，使保存剂沿壁加到样品中，防止溅出。加入保存剂的样品，应颠倒摇动数次，使保存剂在水样中均匀分散。

⑧ 河流、湖泊、水库和河口、港湾水域可使用船舶进行采样监测，最好用专用的监测般或采样船。如无专用船只，可根据监测站位所在水域的状况、气象条件、安全和采样要求，选用适当吨位的船只作为采样船。采样船只从到达采样站开始直至采样结束，禁止排放任何污染物。采样时，船首应该逆向水流流向，保持顶流状态。水质样品的采集一般在船只的前半部分作业。测定油类的水样，必须在船首附近面对水流流向的位置操作，要避开船体及船上油性污染物玷污的局部水域。

（六）采样记录

采样后要立即填写标签和采样记录单，水样采样记录格式见表 2-2。

表 2-2 水样采样记录表

监测单位名称_____ 年度_____

编号	采样月日	采样位置				气象参数					现场测定记录						备注
		断面名称	断面号	垂线号	点位号	水深/m	气温/℃	气压/kPa	风向	风速/(m/s)	相对湿度/%	流速/(m/s)	流量/(m³/s)	水温/℃	pH	溶解氧/(mg/L)	透明度/cm	电导率/(μS/cm)	感观指标描述	

三、废水样品的采集

（一）采样方法

1. 浅水采样

可用容器直接采集，或用聚乙烯塑料长把勺采集。

2. 深层水采样

可使用专制的深层采水器采集，也可将聚乙烯桶固定在重架上，沉入要求深度采集。

3. 自动采样

采用自动采样器或连续自动定时采样器采集。例如,自动分级采样式采水器,可在一个生产周期内,每隔一定时间将一定量的水样分别采集在不同的容器中。自动混合采样式采水器可定时连续地将定量水样或按流量比采集的水样汇集于一个容器内。

(二) 废水样品的类型

1. 瞬时废水样

对于生产工艺连续、稳定的工厂,所排放废水中的污染组分及浓度变化不大时,瞬时水样具有较好的代表性。对于某些特殊情况,如废水中污染物质的平均浓度合格,而高峰排放浓度超标,这时也可间隔适当时间采集瞬时水样,并分别测定,将结果绘制成浓度-时间关系曲线,以得知高峰排放时污染物质的浓度;同时也可计算出平均浓度。

2. 平均废水样

由于工业废水的排放量和污染组分的浓度往往随时间起伏较大,为使监测结果具有代表性,需要增大采样和测定频率,但这势必增加工作量,此时比较好的办法是采集平均混合水样或平均比例混合水样。前者系指每隔相同时间采集等量废水样混合而成的水样,适于废水流量比较稳定的情况;后者系指在废水流量不稳定的情况下,在不同时间依照流量大小按比例采集的混合水样。有时需要同时采集几个排污口的废水样,并按比例混合,其监测结果代表采样时的综合排放浓度。

3. 单独废水样

测定废水的 pH 值、溶解氧、硫化物、细菌学指标、余氯、化学需氧量、油脂类和其他可溶性气体等项目的废水样不宜混合,要瞬时采集单独废水样,并应尽快予以测定,不能及时分析的也应采取相应保存方法予以处理。

(三) 废水采样注意事项

① 在排污管道或渠道中采样时,应在水流平稳、水质均匀的部位采集,要防止异物进入采样水体。

② 随废水流动的悬浮物或固体颗粒,应看成是废水的一个组成部分,不应在测定前滤除。油、有机物和重金属离子等,可能被悬浮物吸附,有的悬浮物中就含有被测定的物质,如选矿、冶炼废水中的重金属。

③ 采集平均废水样,可采样后立即混合,也可采样后分批放置,待采样完毕后再进行混合。

④ 特殊监测项目的样品采集参照"地面水样品的采集"相关内容。

(四) 流量的测量

我国目前对 COD_{Cr}、石油类、Cr^{6+}、Pb、Cd、Hg、As 和氰化物实施排污总量控制，而流量测量是排污总量监测的关键，污染调查中流量测量应用的方法主要有以下几种。

1. 流速仪法

由于排污管道的截面积和污水排放时间较易求得，所以排水量可通过测量流速然后计算求出。

$$排水量 = 流量 \times 时间 = 流速 \times 截面积 \times 时间$$

水深大于 0.3m，流速不小于 0.5m/s 时，可用流速仪测量流速。水文测量中使用的流速仪，适用于测量河水的流速，如用于污染源监测，要注意废水可能对仪器的腐蚀，应勤于维护。

常用的流速仪有旋杯式和旋浆式两种，其转速与废水的关系是

$$U = K \frac{N}{t} + C$$

式中 U——废水流速，m/s；

N——旋杯或叶片桨在 t 时间内的总转数；

t——测量时间，s；

K——比例系数；

C——因摩擦引起的修正系数。

使用流速仪测量流量时，要把流速仪沉降到指定深度，且把流速仪置于正对着水流方向上测定。测量时间越长，流速越准确，最短测量时间不应小于 100s。

在水流方向垂直的截面，水的流速随深度而改变。一般先将水深分成 10 等分，绘制垂直流速曲线，如图 2-5 所示，然后计算出图中封闭图形部分面积，再除以水深，便得到垂线上的平均流速。

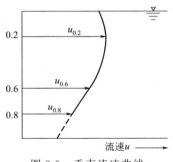

图 2-5 垂直流速曲线

$$\overline{V} = \frac{0.1H \sum_{i=1}^{10} u_i}{H} = 0.1 \sum_{i=1}^{10} u_i$$

式中 H——水深，m；

u_i——水深 H_i 时的流速，m/s。

这种方法在实际应用时,费时而且麻烦,一般可采用如下简便和迅速的方法。

一点法:$\bar{u}=u_{0.6}$

二点法:$\bar{u}=\dfrac{1}{2}(u_{0.2}+u_{0.6})$

三点法:$\bar{u}=\dfrac{1}{4}(u_{0.2}+2u_{0.6}+u_{0.8})$

式中　$u_{0.2}$——0.2倍水深位置的流速;

　　　$u_{0.6}$——0.6倍水深位置的流速;

　　　$u_{0.8}$——0.8倍水深位置的流速。

据文献报道,将实际测得的流速与上述方法相比较时,一点法误差为2.6%,二点法误差为1.3%,三点法误差为1.8%。二点法较为准确。实际应用时,当水深小于40cm时采用一点法;水深大于40cm时,采用二点法。

2. 浮标法

浮标法是一种粗略测量流速的简易方法。在推算和估计水渠(或河段)中的浅水或洪水期间的河流流量时,经常采用浮标法。

选取一段底壁平滑、长度不小于10m、无弯曲、有一定液面高度的排水渠,经过疏通后,取一小段漂浮物(如木棒、泡沫塑料、小塑料瓶等,最好涂有醒目的颜色),放入流动的废水渠道中,在无外力影响(如风力、漂浮物阻挡等)的情况下,使漂浮物流经被测距离,记录流过的时间,重复数次,取平均值,即流速。然后,再根据水流截面积计算出流量。流速的计算为:

$$u=aL/t$$

式中　u——流速,m/s;

　　　L——漂浮物流过的距离(水渠测定长度),m;

　　　t——漂浮物通过距离L的平均时间,s;

　　　a——系数。

系数a为平均流速与主轴线表面流速之比,它随水渠(或河道)的宽度、水深、水渠的状况等条件的不同而不同,还由于表面浮漂容易受到风的影响等问题,所以a并不是一个恒定的值,对一般的渠道,取$a=0.7$。

3. 容积法

当废水流量较小时,可在废水出口处或废水水流有落差的地方,利用容器接流方法测定流量。

通常使用的容器有水桶(数升到数十升)、汽油桶、石油桶等,在测定流量时,选择将水装满需要时间在20s以上的容器,把流水的溢流口或水渠中形成适当落差的地点作为流量测定点。将容器放在流水降落地点的同时,卡上秒表,测定容器中装至一定体积水所需的时间。重复测定数次，求出其平均时间，然后根据容器的容量，计算出流量。

$$Q = V/t$$

式中　Q——流量，m^3/s；

　　　V——容器的容积，m^3；

　　　t——接流时间的平均值，s。

4. 溢流堰法

在水沟或水渠中设置一定形状的开口墙或板拦住水流，水由开口断面自由溢流，这种开口墙或板就是堰。上游水头和水流过的开口断面的大小、形状与流量之间存在一定的关系，溢流堰法就是根据它们之间的这种关系来测定流量的一种方法。

薄壁堰是废水流量测定中常用的量水设备，具有使用方便、测流精度高等优点，适用于现场或实地测定小明渠水流或废水流量。薄壁堰根据溢流口的形状不同又可分为多种堰，环境监测中常用三角堰和矩形堰。下面以三角薄壁堰为例介绍溢流堰法测定流量的方法。

三角薄壁堰是废水测流中最常用的实用测流设备，如图 2-6 所示，使用方法简单，测定准确度较高，因而获得广泛应用。

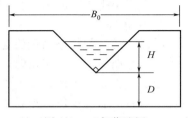

图 2-6　三角薄壁堰

实际测量中常用直角薄壁三角堰，适合于水头在 0.054～0.35m，流量小于 0.1m^3/s 的废水流量的测定。其流量计算公式为：

(1) 当水头 H 为 0.02～0.20m 时

$$Q_1 = 1.41 H^{2.5}$$

式中　Q_1——流量，m^3/s；

　　　H——堰的几何水头，m。

(2) 当水头 H 为 0.301～0.350m 时

$$Q_2 = 1.343 H^{2.47}$$

(3) 当水头 H 为 0.20～0.300m 时

$$Q_3 = (Q_1 + Q_2)/2$$

直角三角薄壁堰流量的另一个计算公式为：

$$Q = KH^{2.5}$$

式中　K——流量系数，$K = 1.353 + 0.004/H + (0.14 + 0.2/\sqrt{D})(H/B_0 - 0.09)^2$；

　　　D——从水渠底面到溢流口底部的高度，m；

　　　B_0——水渠的宽度，m。

此公式的适用范围是：B_0 为 0.5~1.2m；D 为 0.1~0.75m；H 为 0.07~0.26m（要求 $H \leqslant 1/3B_0$）。

(4) 测量注意事项

① 量水堰应设置在渠壁平整、水流呈直浅流动的直段内，直段长应大于堰上最大水头的 5 倍以上，堰板垂直设置，不得渗漏，并保证堰口中心与上游水流中心一致。

② 水舌下空气应保持自由通路，对于自由出流，堰下水位应保持低于堰顶。

③ 测量过堰水头 H 时，应在堰口上游大于 $3H$ 处进行。

④ 在两明渠汇流处不宜设置量水堰，当水流量大于 $0.15m^3/s$ 时，不宜在排水渠中临时安装堰板。

5. 其他测定方法

现已生产多种规格的污水流量计，测定流量简便、准确。例如，WML 型污水流量计的测定范围为 $1 \sim 6000m^3/h$；WMJ-Ⅱ型污水流量计测定范围为 $10 \sim 400m^3/h$ 等。此外，还可以用压差法、根据工业用水平衡计算法或排水管径大小测量法估算污水流量。

(五) 采样记录

采样后，要认真填写采样记录，仔细检查核对所采集样品标签、记录和保存措施落实情况，防止出现差错。废水采集记录参考格式如表 2-3 所示。

表 2-3　污水采样记录表

监测单位名称＿＿＿＿＿＿　　　年＿＿度＿＿

序号	企业名称	行业名称	采样口	采样口位置车间或出水口	采样口流量/(m^3/s)	采样时间(月日)	颜色	嗅味	备注

现场情况描述：
治理设施运行状况：
采样人员：　　　　企业接待人员：　　　　记录人员：

四、地下水样的采集

(一) 采样器与贮样容器

① 采样器材质与贮样容器要求同地表水。

② 地下水水质采样器分为自动式与人工式，自动式用电动泵进行采样，人工式分活塞式与隔膜式，可按要求选用。
③ 采样器在测井中应能准确定位，并能取到足够量的代表性水样。

（二）采样方法与要求

① 采样时采样器放下与提升时动作要轻，避免搅动井水及底部沉积物。
② 用机井泵采样时，应待管道中的积水排净后再采样。
③ 自流地下水样品应在水流流出处或水流汇集处采集。
④ 水样采集量应满足监测项目与分析方法所需量及备用量要求。

五、底质样品的采集

（一）采样点位

底质监测断面的设置原则与水质监测断面相同，其位置尽可能和水质监测断面重合，以便于将沉积物的组成及其物理化学性质与水质监测情况进行比较。

① 底质采样点应尽量与水质采样点一致。底质采样点位通常为水质采样点位垂线的正下方。当正下方无法采样时，如水浅时，因船体或采泥器冲击搅动底质，或河床为砂卵石时，应另选采样点重采。采样点不能偏移原设置的断面（点）太远。采样后应对偏移位置作好记录。
② 底质采样点应避开河床冲刷、底质沉积不稳定、水草茂盛表层及底质易受搅动之处。
③ 湖（库）底质采样点一般应设在主要河流及污染源排放口与湖（库）水混合均匀处。

（二）采样时间与频率

由于底质比较稳定，受水文、气象条件影响较小，故采样频率远较水样低，一般每年枯水期采样一次，必要时，可在丰水期加采一次。

（三）采样方法

采集表层底质样品一般采用掘式（如图 2-7）采样器或锥式采样器。前者适用于采样量较大的情况，后者适用于采样量少的情况。管式泥芯采样器用于采集柱状样品，以供监测底质中污染物质的垂直分布情况。如果水域水深小于 3m，可将竹竿粗的一端削成尖头斜面，插入床底采样。当水深小于 0.6m 时，可用长柄塑料勺直接采集表层底质。

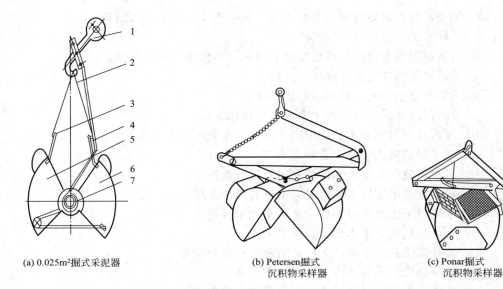

图 2-7　常用掘式采泥器
1—吊钩；2—采泥器的钢丝绳；3，4—铁门；5，6—内、外斗壳；7—主轴

（四）采样量及采样容器

底质采样量视监测项目和目的而定，通常为 1~2kg，如样品不易采集或测定项目较少时，可予酌减。一次的采样量不够时，可在周围采集几次，并将样品混匀。样品中的砾石、贝壳、动植物残体等杂物应予以剔除。在较深水域一般常用掘式采泥器采样。在浅水区或干涸河段用塑料勺或金属铲等即可采样。样品在尽量沥干水分后，用塑料袋或玻璃瓶盛装；供测定有机物的样品，用金属器具采样，置于棕色磨口玻璃瓶中，瓶口不要玷污，以保证磨口塞能塞紧。所采底质样品的外观性状，如泥质状态、颜色、嗅味、生物现象等，均应填入采样记录表，一并送交实验室，亦应有交接手续。

（五）采样记录

样品采集后，及时将样品编号，并贴上标签。将底质的外观、性状等情况填入采样记录表，并将样品和记录表一并交实验室，亦应有交接手续。

● 议一议

1. 水样容器的洗涤有哪些要求？
2. 容器材质与水样之间有哪些相互作用？
3. 怎样选择水样贮存容器？

4. 地表水样的采集有哪些主要方法？有哪些常用的水样采集器？
5. 怎样采集测定溶解氧的水样？
6. 测溶解氧的水样中加硫酸锰溶液和碱性碘化钾溶液的目的是什么？
7. 采集油类水样时要注意哪些方面？
8. 采集地表水样时一般要注意哪些事项？
9. 废水样品的采集有哪些主要的采样方法？
10. 废水样品有哪些主要的类型？为何要采集单独废水样？
11. 废水样品的采集要注意哪些事项？
12. 利用流速仪测定废水的流量时要注意哪些事项？
13. 溢流堰法测定废水的流量时要注意哪些事项？
14. 采集地下水水样有哪些主要的水质采样器？
15. 怎样采集地下水水样，有何要求？
16. 怎样确定底质监测的采样断面和采样点的位置？
17. 怎样确定底质监测的采样时间和频率？
18. 怎样采集底质样品？有哪些主要的底质采样器？

● 技能训练——做一做

任务一 有机玻璃水质采样器及其使用方法

（一）有机玻璃水质采样器的构成

有机玻璃水质采样器主要由有机玻璃桶体、带轴的两个半圆上盖和活动底板、温度计、铅块、取样嘴等组成，底部双路出水口为方便做平行样，桶体底部包裹铅块自重保持垂直下降不可翻转。

（二）主要技术指标

① 采样容量 常用规格一般为 1000mL、2500mL、5000mL 三种。
② 采样深度 根据需要任意设定，底部包裹铅块自重垂直下沉。
③ 采样温度 0~60℃，带温度计。
④ 采样环境 无杂草或无其他较大颗粒固体杂质的水中。
⑤ 采样方法 用绳子连接后往水中投放。

（三）有机玻璃水质采样器的特点

① 有机玻璃组成，无色透明，仪器上下活动翻盖自动打开与封闭，实现对所需深处的水样进行采集，使用方便。

② 可进行不同深度分层取样，便于携带、适用于无电源的地方采样。

③ 有机玻璃采水器内部可放置温度计，采样后可直接读温度。有机玻璃采水器特点：采样准确、使用方便、便于观察、操作方便。

（四）有机玻璃水质采样器的使用方法

使用时注意先夹住出水口橡皮管，再将两个半圆形上盖打开。让采水器沉入水中，底部入水口则自动开启。可采集不同深度层的水样，上面系根绳子，下面进水，上面出水，采水器停在不同深度时，所采的水样，就是这个层次的水样。下沉深度应在系绳上有所标记，当沉入所需深度时，即上提系绳，上盖和下入水口自动关闭，提出水面后，不要碰及下底，以免水样泄漏。将出水口橡皮管伸入容器口，松开铁夹，水样即注入容器。

（五）有机玻璃水质采样器的使用技能训练

选择校园附近河流，在三个不同监测断面分别采集 5m、10m、15m 深度水样，以熟练掌握有机玻璃水质采样器的使用。

任务二　水样的贮存容器与选择

（一）水样贮存容器选择与清洗的基本原则

① 一般要求采样容器应根据待测组分的特性选择合适的采样容器。采样容器不能是新的污染源，容器的材质应化学稳定性强，且不应与水样中组分发生反应，容器壁不应吸收或吸附待测组分。采样容器应可适应环境温度的变化，抗震性能强。有机物和某些微生物检测用的样品容器不能用橡胶塞，碱性的液体样品不能用玻璃塞。

② 玻璃制品可能溶出硼、硅、钙、镁等，对无机物、金属和放射性元素测定水样应使用有机材质的采样容器，如聚乙烯塑料容器。

③ 塑料制品能溶解出增塑剂和未聚合的单体等有机物，塑料能吸附有机物，因此对有机物指标水样的测定应使用玻璃材质的采样容器。

④ 特殊项目测定的水样可选用其他化学惰性材料材质的容器。如热敏物质应选用热吸收玻璃容器；温度高、压力大的样品或含痕量有机物的样品应选用不锈钢容器；生物（含藻类）样品应选用不透明的非活性玻璃容器，并存放阴暗处；光敏性物质应选用棕色或深色的容器。

⑤ 采样容器的洗涤应按照水样的成分和待测指标确定采样容器的清洗原则。测定一般理化指标的采样容器用水和洗涤剂清洗，除去灰尘、油垢后用自来水冲洗干净，再用 10% 硝酸（或盐酸）浸泡 8h，取出沥干后用自来水冲洗 3 次，并

用蒸馏水充分淋洗干净；测定有机物指标的采样容器用重铬酸钾洗液浸泡 24h，然后用自来水冲洗干净，用蒸馏水淋洗干净后置烘箱内 180℃烘 4h，冷却后再用纯化过的己烷、石油醚冲洗数次。

（二）水样贮存容器的选择使用技能训练

某实际监测任务中需要对地表水中的氨氮、总磷、COD、BOD_5、动植物油、DO 六个指标进行采样监测，试选择正确的水样贮存容器。

任务三　溶解氧水样的采集

（一）训练目的

1. 熟练掌握溶解氧水样采集容器的选择和使用方法。
2. 掌握水样中溶解氧的固定方法。

（二）溶解氧概述

溶解在水中的分子态氧称为溶解氧。天然水的溶解氧含量取决于水体与大气中氧的平衡。溶解氧的饱和含量和空气中氧的分压、大气压力、水温有密切关系。清洁地表水溶解氧一般接近饱和。由于藻类的生长，溶解氧可能过饱和。水体受有机、无机还原性物质污染时溶解氧降低。当大气中的氧来不及补充时，水中溶解氧逐渐降低，以至趋近于零，此时厌氧菌繁殖，水质恶化，导致鱼虾死亡。

废水中溶解氧的含量取决于废水排出前的处理工艺过程，一般含量较低，差异很大，鱼类死亡事故多是由于大量受纳污水，使水体中耗氧性物质增多，溶解氧很低，造成鱼类窒息死亡，因此溶解氧是评价水质的重要指标之一。

（三）水样的采集与保存

用碘量法测定水中溶解氧，水样常采集到溶解氧瓶中。采集水样时，要注意不使水样曝气或有气泡残存在采样瓶中。可用水样冲洗溶解氧瓶后，沿瓶壁直接倾注水样或用虹吸法细管插入溶解氧瓶底部，注入水样至溢流出瓶容积的 $1/3$~$1/2$。

水样采集后，为防止溶解氧的变化，应立即加固定剂于样品中，并存于冷暗处，同时记录水温和大气压力。

（四）注意事项

1. 如果水样中含有氧化性物质（如游离氯大于 0.1mg/L 时），应预先于水样中加入硫代硫酸钠去除。即用两个溶解氧瓶各取一瓶水样，在其中一瓶加入5mL（1+5）硫酸和1g硫化钾，摇匀，此时游离出碘。以淀粉作指示剂，用硫代硫酸钠溶液滴定至蓝色刚褪，记下用量（相当于去除游离氯的量）。于另一瓶水样中，加入同样量的硫代硫酸钠溶液，摇匀后按操作步骤测定。

2. 如果水样呈强酸性或强碱性，可用氢氧化钠或硫酸溶液调至中性后测定。

任务四　底质样品的采集

（一）训练目的

1. 掌握底质样品的采集方法。
2. 熟练掌握底质采样器的操作。

（二）采样器具

Petersen 掘式沉积物采样器、塑料勺、金属铲、塑料袋、磨口玻璃瓶。

（三）实验步骤

1. 采样点位的选择

就近选择校园周边湖库作为采样对象，在湖库中选取 2～3 个有代表性的点位（如入水口和出水口附近）作为底质采样点位。

2. 采样方法

较深水处采用 Petersen 掘式沉积物采样器采样，浅水区或湖水干涸处用塑料勺或金属铲采样即可，将样品尽量沥干水分后装入塑料袋、磨口玻璃瓶中，供测定有机物的样品，需用金属器具采样后装入带磨口的棕色玻璃瓶中。防止瓶口被玷污，以确保磨口塞能塞紧密封。

3. 采样量

底质采样量一般为 1～2kg，视监测项目和目的而定，如样品不易采集或测定项目较少时，可予酌减。一次的采样量不够时，可在周围采集几次，并将样品混匀。样品中的砾石、贝壳、动植物残体等杂物应予以剔除。

4. 采样记录与样品交接

样品采集后，及时将样品编号，并贴上标签。将底质的外观性状如泥质状态、颜色、嗅味、生物现象等情况填入采样记录表，并将样品和记录表一并交实验室，并办好交接手续。

（四）注意事项

1. 底质采样的目的主要是用于了解水体中易沉降、难降解污染物的累积情况。

2. 底质采样点应尽量与水质采样点一致。底质采样点位通常为水质采样点位垂线的正下方。当正下方无法采样时，如水浅时，因船体或采泥器冲击搅动底质，或河床为砂卵石时，应另选采样点重采。采样点不能偏移原设置的断面（点）太远。采样后应对偏移位置做好记录。

3. 底质采样点应避开河床冲刷、底质沉积不稳定、水草茂盛表层及底质易受搅动之处。

4. 湖（库）底质采样点一般应设在主要河流及污染源排放口与湖（库）水混合均匀处。

5. 采样时底质一般要装满抓斗，若在采样器向上提升过程中样品流失过多，则必须重采。

● 评一评——项目考核评分表

班级：_____ 组别：_____ 姓名：_____

项目考核		评价内涵和标准	项目权重/%	学生自评 20%	学生互评 30%	教师评价 50%
考核内容	指标分解					
知识内容	水样采集设备、贮存容器的选择和使用方法	结合学生自查资料，熟悉水样采集相关知识，掌握典型水样采集方法	20			
项目完成度	常用采样方法的理解	能够掌握采样仪器的使用方法	10			
	实践过程	实践操作的标准化、规范化程度	20			
		知识应用能力，应变能力，能正确地分析和解决问题的能力	10			
	采样后样品的分装与清点	能正确分装与清点样品，准确回答师生提出的疑问	20			
表现	团队合作	能正确、全面获取信息并进行有效的归纳	5			
		能积极参与分析方案的制订，进行小组讨论，提出自己的建议和意见	5			
		善于沟通，积极与他人合作完成任务，能正确分析和解决问题	5			
		遵守纪律，安全环保意识与总体表现	5			

续表

项目考核		评价内涵和标准	项目权重/%	学生自评 20%	学生互评 30%	教师评价 50%
考核内容	指标分解					
		综合评分				
综合评语						

项目二　水样的保存和运输

● **典型工作任务**

水样的保存和运输是水环境监测工作中的一个重要环节。前期按照要求和规范完成了水样采集后，若不采取适当的保存措施和适宜的运输方式，水样中的待测组分会因为环境条件、物理、化学及生物学性状的变化而发生改变，这样就不能如实反映水质的真实状况，结果就没有代表性和准确性而言了。本项目介绍水样的保存和运输环节。

● **任务驱动**

通过本项目应具备的能力目标、知识目标及素质目标如表2-4。

表2-4　能力、知识与素质目标

能力目标	知识目标	素质目标
1. 项目组成员能根据任务要求进行合理分工,合理安排本组成员的角色； 2. 能查找相关的技术规范和环境专业知识； 3. 能根据技术规范的要求选择合适的保存方法和选定保存工具,并能选择最优化的运输路线与运输方式； 4. 能正确设计样品交接单,并规范填写； 5. 能把质量控制方法运用在样品的保存和运输环节中	1. 掌握引起水样变化的各种因素； 2. 掌握水样保存的基本要求； 3. 掌握各水样监测因子的保存方法； 4. 掌握特殊项目的特定保存方法； 5. 掌握水样运输过程中的注意事项； 6. 掌握水样保存与运输环节中的质量控制	1. 养成团队合作、积极进取的协作精神； 2. 学会自我学习,树立追求知识、独立思考、勇于创新的科学态度和踏实肯干、细心严谨、任劳任怨的工作作风； 3. 树立质量意识和规范意识； 4. 学会发现问题、分析和解决问题； 5. 学会与人沟通的能力和临场应变能力； 6. 养成敬业爱岗、严格遵守操作规程的职业道德

● 国家相关标准

《地表水和污水监测技术规范》(HJ/T 91—2002)
《水质 样品的保存和管理技术规定》(HJ/T 493—2009)
《水质 采样技术指导》(HJ/T 494—2009)

● 知识链接——读一读

一、水样的保存（HJ/T 493—2009，HJ/T 91—2002）

各种水质的水样，从采集到分析这段时间里，由于物理的、化学的、生物的作用会发生不同程度的变化，这些变化使得进行分析时的样品已不再是采样时的样品，为了使这种变化降低到最小的程度，必须在采样时对样品加以保护。

(一) 水样变化的原因

1. 物理作用

光照、温度、静置或振动，敞露或密封等保存条件及容器材质都会影响水样的性质。如温度升高或强振动会使得一些物质如氧、氰化物及汞等挥发；长期静置会使 $Al(OH)_3$、$CaCO_3$ 及 $Mg_3(PO_4)_2$ 等沉淀。某些容器的内壁能不可逆地吸附或吸收一些有机物或金属化合物等。

2. 化学作用

水样各组分间可能发生化学反应，从而改变了某些组分的含量与性质。例如溶解氧或空气中的氧能使二价铁、硫化物等氧化，聚合物可能解聚，单体化合物也有可能聚合。

3. 生物作用

细菌、藻类及其他生物体的新陈代谢会消耗水样中的某些组分，产生一些新的组分，改变一些组分的性质，生物作用会对样品中待测的一些项目如溶解氧、二氧化碳、含氮化合物、磷及硅等的含量及浓度产生影响。

(二) 水样保存的要求

适当的保护措施虽然能降低水样变化的程度和减缓其变化速度，但并不能完全抑制其变化。有些项目特别容易发生变化，如水温、溶解氧、二氧化碳等必须在采样现场进行测定。有一部分项目可在采样现场对水样进行简单的预处理，使之能够保存一定的时间。水样允许保存的时间与水样的性质、分析的项目、溶液的酸度、贮存容器的材质、比表面积以及存放的温度等多种因素有关。保存水样的基本要求是：
① 抑制微生物作用。
② 减缓化合物或配合物的水解和氧化还原等化学作用。
③ 减少组分的挥发和吸附损失。

（三）水样的保存方法

水样在贮存期内发生变化的程度主要取决于水的类型及水样的化学性质和生物学性质。也取决于保存条件、容器材质、运输气候变化等因素。

这些变化往往非常快，样品常在很短的时间里明显地发生变化，因此必须在一切情况下采取必要的保存措施，并尽快地进行分析。保存措施在降低变化的程度或缓慢变化的速度方面是有作用的，但到目前为止所有的保存措施还不能完全抑制这些变化。而且对于不同类型的水，产生的保存效果也不同，饮用水很容易贮存，因其对生物或化学的作用很不敏感，一般的保存措施对地面水和地下水可有效地贮存，但对废水则不同。废水性质或废水采样地点不同，其保存的效果也就不同，如采自城市排水管网和污水处理厂的废水其保存效果不同，采自生化处理厂的废水及未经处理的废水其保存效果也不同。

分析项目决定废水样品的保存时间，有的分析项目要求单独取样，有的分析项目要求在现场分析，有些项目的样品能保存较长时间。由于采样地点和样品成分的不同，迄今为止还没有找到适用于一切场合和情况的绝对准则。在各种情况下，保存方法应与使用的分析技术相匹配。

1. 选择适宜的水样贮存容器并按要求清洗干净准备妥当

参见项目一知识链接——采样前的准备。

2. 将水样充满容器至溢流并密封

为避免样品在运输途中的振荡，以及空气中的氧气、二氧化碳对容器内样品组成和待测项目的干扰，为不对酸碱度、BOD、DO等测定项目产生影响，应使水样充满容器至溢流并密封保存。但对准备冷冻保存的样品不能充满容器，否则水冻冰之后，因体积膨胀易致容器破裂。

3. 冷藏

水样冷藏时的温度应低于采样时水样的温度，水样采集后应立即放在冰箱或冰-水浴中，置暗处保存，一般于2～5℃冷藏。但冷藏法不适用长期保存，对废水的保存时间则更短。

4. 冷冻（-20℃）

-20℃的冷冻温度一般能延长贮存期。分析挥发性物质不适用冷冻程序。如果样品包含细胞、细菌或微藻类，在冷冻过程中，会破裂、损失细胞组分，同样不适用冷冻。冷冻需要掌握冻结和熔融的技术，以使样品在融解时能迅速地、均匀地恢复原始状态，用干冰快速冷冻是令人满意的方法。水样结冰时，体积膨胀，一般都选用塑料容器。

5. 加入化学试剂保存法

(1) 加入生物抑制剂

为了抑制生物作用，可在样品中加入生物抑制剂。如在测定氨氮、硝酸盐氮、化学需氧量的水样中加入 $HgCl_2$，可抑制生物的氧化还原作用；对测定酚的水样，用 H_3PO_4 调溶液的 pH，加入 $CuSO_4$ 可控制苯酚菌的分解活动。

(2) 调节 pH 值

测定金属离子的水样常用 HNO_3 酸化至 pH 为 1~2，既可防止重金属离子水解沉淀，又可避免金属被器壁吸附，同时在 pH 1~2 的酸性介质中还能抑制生物的活动；测定氰化物或挥发酚的水样加入 NaOH 调至 pH=12 时，使之生成稳定的酚盐等。测定六价铬的水样应加 NaOH 调至 pH=8，因为在酸性介质中，六价铬的氧化电位高，易被还原。测定总铬的水样，则应加 HNO_3 酸化至 pH 为 1~2。

(3) 加入氧化剂或还原剂

如测定汞的水样需加入 HNO_3（于 pH<1）和 $K_2Cr_2O_7$（0.05%），使汞保持高价态；测定硫化物的水样，加入抗坏血酸，可以防止被氧化；测定溶解氧的水样则需加入少量硫酸锰和碘化钾固定溶解氧等。

应当注意，加入的保存剂不能干扰以后的测定；保存剂的纯度必须达到分析的要求，还应做相应的空白试验，对测定结果进行校正。

6. 水样的过滤或离心分离

如欲测定水样中组分的全量，采样后立即加入保存剂，分析测定时充分摇匀后再取样。如果测定可滤（溶解）态无机组分的含量，国内外均采用以 0.45μm 微孔滤膜过滤的方法，这样可以有效地除去藻类和细菌，滤后的水样稳定性好，有利于保存。测定不可过滤的无机组分时，应保留过滤水样用的滤膜备用。如没有 0.45μm 微孔滤膜，对泥沙型水样可用离心方法处理。测定有机项目的水样，可用砂芯漏斗或玻璃纤维漏斗过滤。

(四) 常用样品保存技术

主要水样的保存方法及水样贮存容器的洗涤方法见表 2-5。

表 2-5 水样保存和容器洗涤方法

项目	采样容器[3]	保存剂及用量	保存期	采样量 /mL[4]	容器洗涤[5]
pH[1]	G.P.		12h	250	I
浊度[1]	G.P.		12h	250	I

续表

项目	采样容器③	保存剂及用量	保存期	采样量/mL④	容器洗涤⑥
色度①	G.P.		12h	250	I
气味	G	1～5℃冷藏	6h	500	
电导率①	G.P.		12h	250	I
悬浮物②	G.P.		14d	500	I
碱度②	G.P.		12h	500	I
酸度②	G.P.		30d	500	I
CO_2	G.P.	水样充满容器,低于采样温度	24h	500	
溶解性固体（干残渣）		见总固体（总残渣）			
总固体（总残渣）	G.P.	1～5℃冷藏	24h	100	
COD	G.	加 H_2SO_4,pH≤2	2d	500	I
	P	−20℃冷冻	1月	100	
高锰酸盐指数	G.	②	2d	500	I
	P	−20℃冷冻	1月	500	
BOD_5	溶解氧瓶	②	12h	250	I
	P	−20℃冷冻	1月	1000	
TOC	G	加 H_2SO_4,pH≤2;1～5℃	7d	250	I
	P	−20℃冷冻	1月	100	
DO①	溶解氧瓶	加入硫酸锰,碱性KI叠氮化钠溶液,现场固定	24h	250	I
F^-②	P		14d	250	I
Cl^-②	G.P.		30d	250	I
Br^-②	G.P.		14d	250	I
I^-①	G.P.	NaOH,pH=12	14d	250	I
SO_4^{2-}②	G.P.		30d	250	I
总磷	G.P.	HCl,H_2SO_4 调 pH≤2	24h	250	IV
氨氮	G.P.	H_2SO_4,pH≤2	24h	250	I
NO_2^--N②	G.P.		24h	250	I

续表

项目	采样容器[3]	保存剂及用量	保存期	采样量/mL[4]	容器洗涤[5]
NO_3^--N[2]	G.P.		24h	250	I
总氮	G.P.	H_2SO_4,pH≤2	7d	250	I
硫化物	G.P.	1L 水样加 NaOH 至 pH9,加入 5％抗坏血酸 5mL,饱和 EDTA 3mL,滴加饱和 Zn(Ac)$_2$ 至胶体产生,常温避光	24h	250	I
总氰化物	G.P.	NaOH,pH≥9；1～5℃冷藏	12h	250	I
Be	G.P.	HNO_3,1L 水样中加浓 HNO_3 10mL	14d	250	III
B	P.	HNO_3,1L 水样中加浓 HNO_3 10mL	14d	250	I
Na	P.	HNO_3,1L 水样中加浓 HNO_3 10mL	14d	250	II
Mg	G.P.	HNO_3,1L 水样中加浓 HNO_3 10mL	14d	250	II
K	P.	HNO_3,1L 水样中加浓 HNO_3 10mL	14d	250	II
Ca	G.P.	HNO_3,1L 水样中加浓 HNO_3 10mL	14d	250	II
Cr(Ⅵ)	G.P.	NaOH,pH=8～9	14d	250	III
Mn	G.P.	HNO_3,1L 水样中加浓 HNO_3 10mL	14d	250	III
Fe	G.P.	HNO_3,1L 水样中加浓 HNO_3 10mL	14d	250	III
Ni	G.P.	HNO_3,1L 水样中加浓 HNO_3 10mL	14d	250	III
Cu	P.	HNO_3,1L 水样中加浓 HNO_3 10mL[5]	14d	250	III
Zn	P.	HNO_3,1L 水样中加浓 HNO_3 10mL[5]	14d	250	III
As	G.P.	HNO_3,1L 水样中加浓 HNO_3 10mL,DDTC 法 HCl 2mL	14d	250	I
Se	G.P.	HCl,1L 水样中加浓 HCl 2mL	14d	250	III
Ag	G.P.	HNO_3,1L 水样中加浓 HNO_3 2mL	14d	250	III
Cd	G.P.	HNO_3,1L 水样中加浓 HNO_3 10mL[5]	14d	250	III
Sb	G.P.	HCl,0.2％（氢化物法）	14d	250	III
Hg	G.P.	HCl 1％如水样为中性,1L 水样中加浓 HCl 10mL	14d	250	III
Pb	G.P.	HNO_3,1％如水样为中性,1L 水样中加浓 HNO_3 10mL[5]	14d	250	III

续表

项目	采样容器③	保存剂及用量	保存期	采样量/mL④	容器洗涤⑥
油类	G	加入 HCl 调至 pH≤2	7d	250	Ⅱ
农药类②	G	加入抗坏血酸 0.01～0.02g 除去残余氯	24h	1000	Ⅰ
除草剂类②	G	加入抗坏血酸 0.01～0.02g 除去残余氯	24h	1000	Ⅰ
邻苯二甲酸酯类②	G	加入抗坏血酸 0.01～0.02g 除去残余氯	24h	1000	Ⅰ
挥发性有机物②	G	用(1+10) HCl 调至 pH=2，加入 0.01～0.02g 抗坏血酸除去残余氯	12h	1000	Ⅰ
甲醛②	G	加入 0.2～0.5g/L 硫代硫酸钠除去残余氯	24h	250	Ⅰ
酚类②	G	用 H_3PO_4 调至 pH=2，用 0.01～0.02g 抗坏血酸除去残余氯	24h	1000	Ⅰ
阴离子表面活性剂	G.P.	加 H_2SO_4，pH≤2；1～5℃冷藏	2d	500	Ⅳ
微生物②	G	加入硫代硫酸钠至 0.2～10.5g/L 除去残余物，4℃保存	12h	250	Ⅰ
生物②	G.P.	不能现场测定时用甲醛固定	12h	250	Ⅰ

① 表示应尽量做现场测定。
② 低温（1～5℃）避光保存。
③ G 为硬质玻璃瓶；P 为聚乙烯瓶（桶）。
④ 单项样品的最少采样量。
⑤ 如用溶出伏安法测定，可改用 1L 水样中加 19mL 浓 $HClO_4$。
⑥ Ⅰ、Ⅱ、Ⅲ、Ⅳ 表示四种洗涤方法。
Ⅰ：洗涤剂洗一次，自来水三次，蒸馏水一次。
Ⅱ：洗涤剂洗一次，自来水洗二次，(1+3)HNO_3 荡洗一次，自来水洗三次，蒸馏水一次。
Ⅲ：洗涤剂洗一次，自来水洗二次，(1+3)HNO_3 荡洗一次，自来水洗三次，去离子水一次。
Ⅳ：铬酸洗液洗一次，自来水洗三次，蒸馏水洗一次。
如果采集污水样品可省去用蒸馏水、去离子水清洗的步骤。
注：经160℃干热灭菌 2h 的微生物、生物采样容器，必须在两周内使用，否则应重新灭菌；经121℃高压蒸汽灭菌 15min 的采样容器，如不立即使用，应于60℃将瓶内冷凝水烘干，两周内使用。细菌监测项目采样时不能用水样冲洗采样容器，不能采混合水样，应单独采样后 2h 内送实验室分析。

二、水样的运输（HJ/T 493—2009）

水样采集后必须立即送回实验室，根据采样点的地理位置和每个项目分析前最长可保存时间，选用适当的运输方式，在现场工作开始之前，就要安排好水样的运输工作，以防延误。参照 HJ/T 493—2009 执行。

（一）水样运输管理

采集的水样，除供一部分监测项目在现场测定使用外，大部分水样要运回到实验室进行分析测试。必须根据采样点的位置和每个项目分析前最长可保存的时间，选用适当的运输方式，在现场工作开始之前，就要安排好水样的运输工作。在水样运输过程中，为保持水样的完整性，使之不受污染、损坏和丢失，运输过程中要注意以下几点。

① 根据采样记录和样品登记表清点样品，防止搞错。
② 塑料容器要塞紧内塞、旋紧外盖。
③ 玻璃瓶要塞紧磨口塞，然后用细绳将瓶塞与瓶颈栓紧或用封口胶、石蜡封口（测油类水样除外）。
④ 防止样品在运输过程中因振动、碰撞而导致损失或玷污，最好将样品装桶运送。装运箱和盖要用泡沫塑料或瓦楞纸板作衬里和隔板。样品按顺序装入箱内，加盖前要垫一层塑料膜，再在上面放泡沫塑料或干净的纸条使盖能压住样品瓶。
⑤ 需冷藏的样品，应配备专门的隔热容器，放入制冷剂，将样品置于其中保存。
⑥ 冬季应采取保温措施，以免冻裂样品瓶。
⑦ 防止日光直射。

（二）样品的交接

在水样运送过程中，应有押运人员。水样送至实验室时首先要检查水样是否冷藏，冷藏温度是否保持 1～5℃。其次要验明标签，清点样品数量，确认无误时签字验收，交接双方填写好样品交接单。

● 议一议

1. 水样的运输要注意哪些问题？
2. 影响水样变化的因素有哪些？
3. 水样的保存有哪些主要方法？
4. 怎样保存测定六价铬的水样？为什么？

5. 怎样保存测定挥发酚的水样？为什么？
6. 怎样保存测定氰化物的水样？其原理是什么？
7. 测定溶解氧的水样为何必须立即在现场固定？加入何种固定剂？保存的原理是什么？
8. 用火焰原子吸收法测定水中总铬时，水样应采取怎样的保存措施？

● 技能训练——做一做

任务一 对某一居民小区生活污水进行监测，设计样品的保存与运输方案

样品保存与运输方案见表 2-6。

表 2-6 样品保存与运输方案

监测项目	盛装容器	保存方法	运输方式
pH	聚乙烯瓶	现场测定或盛满容器，12h 内测定	装箱避光，置于汽车内，并于 12h 之内运输到达实验室
COD	硬质玻璃瓶	加 H_2SO_4 调至 pH≤2，2d 内测定	
BOD_5	溶解氧瓶	低温避光保存，12h 内测定	
SS	聚乙烯瓶	低温避光保存，14d 内测定	
氨氮	聚乙烯瓶	加 H_2SO_4 调至 pH≤2，24h 内测定	
油类	硬质玻璃瓶	加入 HCl 调至 pH≤2，7d 内测定	
总磷	聚乙烯瓶	加 H_2SO_4 调至 pH≤2，24h 内测定	
总氮	聚乙烯瓶	加 H_2SO_4 调至 pH≤2，7d 内测定	

任务二 样品交接单的填写

见表 2-7。

表 2-7 样品交接单

项目名称：				
样品编号	监测项目	样品数量/个	保存方式	送样人
1-1-1	pH	1	现场测定或盛满容器，12h 内测定	张三
1-1-2	pH	1	现场测定或盛满容器，12h 内测定	张三
1-1-1	COD	1	加 H_2SO_4 调至 pH≤2，2d 内测定	张三
1-1-2	COD	1	加 H_2SO_4 调至 pH≤2，2d 内测定	张三

续表

样品编号	监测项目	样品数量/个	保存方式	送样人
1-1-空白	COD	1	加 H_2SO_4 调至 pH≤2,2d 内测定	张三
1-1-1	BOD_5	1	低温避光保存,12h 内测定	张三
1-1-2	BOD_5	1	低温避光保存,12h 内测定	张三
1-1-1	SS	1	低温避光保存,14d 内测定	张三
1-1-2	SS	1	低温避光保存,14d 内测定	张三
1-1-1	氨氮	1	加 H_2SO_4 调至 pH≤2,24h 内测定	张三
1-1-2	氨氮	1	加 H_2SO_4 调至 pH≤2,24h 内测定	张三
1-1-空白	氨氮	1	加 H_2SO_4 调至 pH≤2,24h 内测定	张三
1-1-1	油类	1	加入 HCl 调至 pH≤2,7d 内测定	张三
1-1-2	油类	1	加入 HCl 调至 pH≤2,7d 内测定	张三
1-1-空白	油类	1	加入 HCl 调至 pH≤2,7d 内测定	张三
1-1-1	总磷	1	加 H_2SO_4 调至 pH≤2,24h 内测定	张三
1-1-2	总磷	1	加 H_2SO_4 调至 pH≤2,24h 内测定	张三
1-1-空白	总磷	1	加 H_2SO_4 调至 pH≤2,24h 内测定	张三
1-1-1	总氮	1	加 H_2SO_4 调至 pH≤2,7d 内测定	张三
1-1-2	总氮	1	加 H_2SO_4 调至 pH≤2,7d 内测定	张三
1-1-空白	总氮	1	加 H_2SO_4 调至 pH≤2,7d 内测定	张三

日期与时间:××年×月×日×点×分　样品总数(个):21　接样人:李四

● 评一评——项目考核评分表

班级:_____ 组别:_____ 姓名:_____

项目考核		评价内涵和标准	项目权重/%	学生自评 20%	学生互评 30%	教师评价 50%
考核内容	指标分解					
知识内容	水样的保存方法,样品的运输管理	结合学生自查资料,熟悉水样的保存和运输,掌握引起水样变化的各种因素、水样保存的基本要求、各水样监测因子的保存方法及水样运输过程中的注意事项	20			
项目完成度	对水样保存方法的把握	能正确选择不同水样的保存方法	20			

续表

项目考核		评价内涵和标准	项目权重/%	学生自评 20%	学生互评 30%	教师评价 50%
考核内容	指标分解					
项目完成度	实践过程	实践操作的标准化、规范化程度	15			
		知识应用能力,应变能力,能正确地分析和解决问题的能力	10			
	成果检查	能正确地进行样品的管理和交接,准确回答老师提出的疑问	15			
表现	团队合作	能正确、全面获取信息并进行有效的归纳	5			
		能积极参与样品保存运输方案的制订,进行小组讨论,提出自己的建议和意见	5			
		善于沟通,积极与他人合作完成任务,能正确分析和解决问题	5			
		遵守纪律,安全环保意识与总体表现	5			
综合评分						
综合评语						

项目三　水样的预处理

● **典型工作任务**

环境水样的组成是相当复杂的,并且多数污染组分含量低,存在形态各异,所以在分析测定之前,需要进行适当的预处理,以得到欲测组分适于测定方法要求的形态、浓度和消除共存组分干扰的试样体系。本项目介绍水样的预处理。

● 任务驱动

通过本项目应具备的能力目标、知识目标及素质目标如表2-8。

表2-8 能力、知识与素质目标

能力目标	知识目标	素质目标
1. 项目组成员能根据任务要求进行合理分工,合理安排本组成员的角色; 2. 能根据任务要求查找相关的方法标准、技术规范和环境专业知识; 3. 能依据监测方法的要求和实验条件选择合适的预处理方法,并能熟练进行预处理操作; 4. 能把质量控制方法运用在样品预处理过程中	1. 掌握水样的消解方法与原理; 2. 了解水样消解的作用,能熟练把握消解的程度或效果; 3. 掌握水样富集的方法; 4. 掌握各种消除干扰分离待测组分的方法与原理; 5. 能根据待测组分和干扰组分的性质及分析方法的要求选择合理的分离方法; 6. 掌握样品预处理过程中的质量控制	1. 养成团结合作、积极进取的协作精神; 2. 学会自我学习,树立追求知识、独立思考、勇于创新的科学态度和踏实能干、任劳任怨的工作作风; 3. 树立安全意识和环保意识; 4. 树立诚信意识、质量意识和规范意识; 5. 学会发现问题、解决问题、学会沟通和应变方法; 6. 养成敬业爱岗、严格遵守操作规程的职业道德

● 国家相关标准

《水质　金属总量的消解　微波消解法》（HJ 678—2013）
《水质　金属总量的消解　硝酸消解法》（HJ 677—2013）

● 知识链接——读一读

一、水样的消解

当测定含有机物水样中的无机元素时,需进行消解处理。消解处理的目的是破坏有机物、溶解悬浮性固体,将各种价态的待测元素氧化成单一高价态或转变成易于分离的无机化合物。消解后的水样应清澈、透明、无沉淀。

消解水样的方法：湿式消解法和干灰化法。

(一) 湿式消解法

1. 硝酸消解法

对于较清洁的水样,可用硝酸消解。

其方法要点是：取混匀的水样50～200mL于烧杯中,加入5～10mL浓硝酸，在电热板上加热煮沸，蒸发至小体积，试液应清澈透明，呈浅色或无色，否则，应补加硝酸继续消解。蒸至近干，取下烧杯，稍冷后加 2% HNO_3（或 HCl）20mL，温热溶解可溶盐。若有沉淀，应过滤，滤液冷至室温后于 50mL 容量瓶中定容备用。

2. 硝酸-高氯酸消解法

两种酸都是强氧化性酸，联合使用可消解含难氧化有机物的水样。

方法要点是：取适量水样于烧杯或锥形瓶中，加 5～10mL 硝酸，在电热板上加热、消解至大部分有机物被分解。取下烧杯，稍冷，加 2～5mL 高氯酸，继续加热至开始冒白烟，如试液呈深色，再补加硝酸，继续加热至冒浓厚白烟将尽（不可蒸至干涸）。取下烧杯冷却，用 2% HNO_3 溶解，如有沉淀，应过滤，滤液冷至室温定容备用。

【注】因为高氯酸能与羟基化合物反应生成不稳定的高氯酸酯，有发生爆炸的危险，故先加入硝酸，氧化水样中的羟基化合物，稍冷后再加高氯酸处理。

3. 硝酸-硫酸消解法

两种酸都有较强的氧化能力，其中硝酸沸点低，而硫酸沸点高，二者结合使用，可提高消解温度和消解效果。常用的硝酸与硫酸的比例为 5∶2。

消解时，先将硝酸加入水样中，加热蒸发至小体积，稍冷，再加入硫酸、硝酸，继续加热蒸发至冒大量白烟，冷却，加适量水，温热溶解可溶盐，若有沉淀，应过滤。为提高消解效果，常加入少量过氧化氢。

该方法不适用于处理测定易生成难溶硫酸盐组分（如铅、钡、锶）的水样。

4. 硫酸-磷酸消解法

两种酸的沸点都比较高，其中，硫酸氧化性较强，磷酸能与一些金属离子如 Fe^{3+} 等络合，故二者结合消解水样，有利于测定时消除 Fe^{3+} 等离子的干扰。

5. 硫酸-高锰酸钾消解法

该方法常用于消解测定汞的水样。高锰酸钾是强氧化剂，在中性、碱性、酸性条件下都可以氧化有机物。

消解要点是：取适量水样，加适量硫酸和 5% 高锰酸钾，混匀后加热煮沸，冷却，滴加盐酸羟胺溶液破坏过量的高锰酸钾。

6. 多元消解方法

为提高消解效果，在某些情况下需要采用三元以上酸或氧化剂消解体系。例如，处理测总铬的水样时，用硫酸、磷酸和高锰酸钾消解。

7. 碱分解法

当用酸体系消解水样造成易挥发组分损失时，可改用碱分解法。

方法是在水样中加入氢氧化钠和过氧化氢溶液，或者氨水和过氧化氢溶液，加热煮沸至近干，用水或稀碱溶液温热溶解。

(二) 干灰化法

干灰化法又称高温分解法。

其处理过程是：取适量水样于白瓷或石英蒸发皿中，置于水浴上蒸干，移入马弗炉内，于 450～550℃灼烧到残渣呈灰白色，使有机物完全分解除去。取出蒸发皿，冷却，用适量 2%HNO_3（或 HCl）溶解样品灰分，过滤，滤液定容后供测定。

本方法不适用于处理测定易挥发组分（如砷、汞、镉、硒、锡等）的水样。

(三) 消解操作的注意事项

① 选用的消解试剂能使样品完全分解。
② 消解过程中不得使待测组分因产生挥发性物质或沉淀而造成损失。
③ 消解过程中不得引入待测组分或任何其他干扰物质，为后续操作引入干扰和困难。
④ 消解过程应平稳，升温不宜过猛，以免反应过于激烈造成样品损失或人身损害。
⑤ 使用高氯酸进行消解时，不得直接向含有有机物的热溶液中加入高氯酸。
⑥ 消解操作必须在通风橱内进行。

二、富集与分离

当水样中的欲测组分含量低于分析方法的检测限时，就必须进行富集或浓缩；当有共存干扰组分时，就必须采取分离或掩蔽措施。富集和分离往往是不可分割、同时进行的。

常用的方法有过滤、挥发、蒸馏、溶剂萃取、离子交换、吸附、共沉淀、层析、低温浓缩等，要结合具体情况选择使用。

(一) 挥发和蒸发浓缩

挥发分离法是利用某些污染组分挥发度大，或者将欲测组分转变成易挥发物质，然后用惰性气体带出而达到分离的目的。

例如，用冷原子荧光法测定水样中的汞时，先将汞离子用氯化亚锡还原为原子态汞，再利用汞易挥发的性质，通入惰性气体将其带出并送入仪器测定；用分光光度法测定水中的硫化物时，先使之在磷酸介质中生成硫化氢，再用惰性气体载入乙酸锌-乙酸钠溶液吸收，从而达到与母液分离的目的。该吹气分离装置如图 2-8 所示。测定废水中的砷时，将其转变成砷化氢气体（AsH_3），用吸收液吸收后供分光光度法测定。

蒸发浓缩是指在电热板上或水浴中加热水样，使水分缓慢蒸发，达到缩小水

模块二 专业核心技能模块

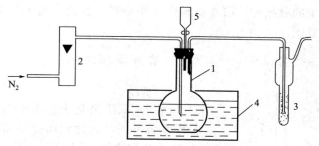

图 2-8 测定硫化物的吹气分离装置

1—500mL 平底烧瓶（内装水样）；2—流量计；3—吸收管；4—50～60℃恒温水浴；5—分液漏斗

样体积、浓缩欲测组分的目的。该方法无需化学处理，简单易行，尽管存在缓慢、易吸附损失等缺点，但无更适宜的富集方法时仍可采用。据有关资料介绍，用这种方法浓缩饮用水样，可使铬、锂、钴、铜、锰、铅、铁和钡的浓度提高 30 倍。

（二）蒸馏法

1. 原理

蒸馏法是利用水样中各污染组分具有不同的沸点而使其彼此分离的方法。

2. 应用

测定水样中的挥发酚、氰化物、氟化物时，均需先在酸性介质中进行预蒸馏分离。在此，蒸馏具有消解、富集和分离三种作用。图 2-9 为挥发酚和氰化物蒸馏装置示意图。氟化物可用直接蒸馏装置，也可用水蒸气蒸馏装置，后者虽然对控温要求较严格，但排除干扰效果好，不易发生暴沸，使用较安全，如图 2-10

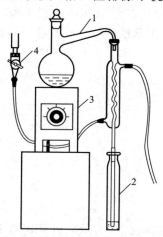

图 2-9 挥发酚和氰化物的蒸馏装置

1—500mL 全玻璃蒸馏器；2—接收瓶；
3—电炉；4—水龙头

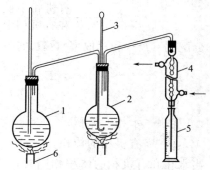

图 2-10 氟化物水蒸气蒸馏装置

1—水蒸气发生瓶；2—烧瓶（内装水样）；3—温度计；4—冷凝管；5—接收瓶；6—热源

所示。测定水中的氨氮时，需在微碱性介质中进行预蒸馏分离，图 2-11 为氨氮蒸馏装置的示意图。

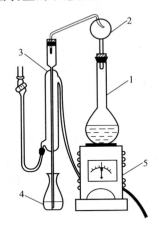

图 2-11　氨氮蒸馏装置
1—凯氏烧瓶；2—定氮球；3—直形冷凝管及导管；4—收集瓶；5—电炉

（三）溶剂萃取法

1. 原理

溶剂萃取法是基于物质在不同的溶剂相中分配系数不同，而达到组分的富集与分离，在水相-有机相中的分配系数（K）用下式表示：

$$K = \frac{\text{有机相中被萃取物浓度}}{\text{水相中被萃取物浓度}}$$

当溶液中某组分的 K 值大时，则容易进入有机相，而 K 值很小的组分仍留在溶液中。

分配系数（K）中所指欲分离组分在两相中的存在形式相同，而实际并非如此，故通常用分配比（D）表示：

$$D = \frac{\sum[A]_{\text{有机相}}}{\sum[A]_{\text{水相}}}$$

式中　$\sum[A]_{\text{有机相}}$——欲分离组分 A 在有机相中各种存在形式的总浓度；

　　　$\sum[A]_{\text{水相}}$——组分 A 在水相中各种存在形式的总浓度。

分配比和分配系数不同，它不是一个常数，而随被萃取物的浓度、溶液的酸度、萃取剂的浓度及萃取温度等条件而变化。只有在简单的萃取体系中，被萃取物质在两相中存在形式相同时，K 等于 D。分配比反映萃取体系达到平衡时的实际分配情况，被萃取物质在两相中的分配还可以用萃取率（E）表示，其表达式为：

$$E = \frac{\text{有机相中被萃取物的量}}{\text{水相和有机相中被萃取物的总量}} \times 100\%$$

分配比（D）和萃取率（E）的关系如下：

$$E = \frac{D}{D + \frac{V_{\text{水}}}{V_{\text{有机}}}} \times 100\%$$

式中　$V_{\text{水}}$——水相的体积；

　　　$V_{\text{有机}}$——有机相的体积。

当水相和有机相的体积相同时，二者的关系如图 2-12 所示。可见，当 $D = \infty$ 时，$E = 100\%$，一次即可萃取完全；$D = 100$ 时，$E = 99\%$，一次萃取不完全，需要萃取几次；$D = 10$ 时，$E = 90\%$，需连续萃取才趋于完全；$D = 1$ 时，

$E=50\%$，要萃取完全相当困难。

2. 类型

（1）有机物质的萃取

分散在水相中的有机物质易被有机溶剂萃取，利用此原理可以富集分散在水样中的有机污染物质。例如，用 4-氨基安替比林光度法测定水样中的挥发酚时，当酚含量低于 $0.05\mathrm{mg/L}$，则水样经蒸馏分离后需再用三氯甲烷进行萃取浓缩；用紫外光度法测定水中的油和用气相色谱法测定有机氯农药（666、DDT）时，需先用石油醚萃取等。

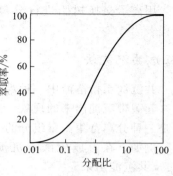

图 2-12　D 与 K 的关系

（2）无机物的萃取

由于有机溶剂只能萃取水相中以非离子状态存在的物质（主要是有机物质），而多数无机物质在水相中均以水合离子状态存在，故无法用有机溶剂直接萃取。为实现用有机溶剂萃取，需先加入一种试剂，使其与水相中的离子态组分相结合，生成一种不带电、易溶于有机溶剂的物质。该试剂与有机相、水相共同构成萃取体系。根据生成可萃取物类型的不同，可分为螯合物萃取体系、离子缔合物萃取体系、三元络合物萃取体系和协同萃取体系等。在环境监测中，螯合物萃取体系用得较多。

螯合物萃取体系是指在水相中加入螯合剂，与被测金属离子生成易溶于有机溶剂的中性螯合物，从而被有机相萃取出来。例如，用分光光度法测定水中的 Cd^{2+}、Hg^{2+}、Zn^{2+}、Pb^{2+}、Ni^{2+}、Bi^{2+} 等，双硫腙（螯合剂）能使上述离子生成难溶于水的螯合物，可用三氯甲烷（或四氯化碳）从水相中萃取后测定，三者构成双硫腙-三氯甲烷-水萃取体系。

（四）离子交换法

离子交换是利用离子交换剂与溶液中的离子发生交换反应进行分离的方法。

离子交换剂可分为无机离子交换剂和有机离子交换剂，目前广泛应用的是有机离子交换剂即离子交换树脂。离子交换树脂是可渗透的三维网状高分子聚合物，在网状结构的骨架上含有可电离的或可被交换的阳离子或阴离子活性基团。

强酸性阳离子树脂含有活性基团 $-SO_3H$、$-SO_3Na$ 等，一般用于富集金属阳离子。

强碱性阴离子交换树脂含有 $-N^+(CH_3)_3X^-$ 基团，其中 X^- 为 OH^-、Cl^-、NO_3^- 等，能在酸性、碱性和中性溶液中与强酸或弱酸阴离子交换，应用较广泛。

用离子交换树脂进行分离的操作程序包括交换柱的制备、交换、洗脱等过程。

(五) 共沉淀法

共沉淀系指溶液中一种难溶化合物在形成沉淀过程中,将共存的某些痕量组分一起载带沉淀出来的现象。共沉淀现象在常量分离和分析中是力图避免的,但却是一种分离富集微量组分的手段。

例如,在形成硫酸铜沉淀的过程中,可使水样中浓度低至 $0.02\mu g/L$ 的 Hg^{2+} 共沉淀出来。

共沉淀的原理基于表面吸附、形成混晶、异电核胶态物质相互作用及包藏等。

1. 利用吸附作用的共沉淀分离

该方法常用的载体有 $Fe(OH)_3$、$Al(OH)_3$、$Mn(OH)_2$ 及硫化物等。由于它们是表面积大、吸附力强的非晶形胶体沉淀,故吸附和富集效率高。

例如,分离含铜溶液中的微量铝,仅加氨水不能使铝以 $Al(OH)_3$ 沉淀析出,若加入适量 Fe^{3+} 和氨水,则利用生成的 $Fe(OH)_3$ 沉淀作载体,吸附 $Al(OH)_3$ 转入沉淀,与溶液中的 $Cu(NH_3)_4^{2+}$ 分离。

用分光光度法测定水样中的 Cr^{6+} 时,当水样有色、浑浊、Fe^{3+} 含量低于 200mg/L 时,可于 pH8~9 条件下用氢氧化锌作共沉淀剂吸附分离干扰物质。

2. 利用生成混晶的共沉淀分离

当欲分离微量组分及沉淀剂组分生成沉淀时,如具有相似的晶格,就可能生成混晶而共同析出。

例如,硫酸铅和硫酸锶的晶形相同,如分离水样中的痕量 Pb^{2+},可加入适量 Sr^{2+} 和过量可溶性硫酸盐,则生成 $PbSO_4$-$SrSO_4$ 的混晶,将 Pb^{2+} 共沉淀出来。有资料介绍,以 $SrSO_4$ 作载体,可以富集海水中 10^{-8} 的 Cd^{2+}。

3. 利用有机共沉淀剂进行共沉淀分离

有机共沉淀剂的选择性较无机沉淀剂高,得到的沉淀也较纯净,并且通过灼烧可除去有机共沉淀剂,留下欲测元素。

例如,在含痕量 Zn^{2+} 的弱酸性溶液中,加入硫氰酸铵和甲基紫,由于甲基紫在溶液中电离成带正电荷的大阳离子 B^+,它们之间发生如下共沉淀反应:

$$Zn^{2+} + 4SCN^- \longrightarrow Zn(SCN)_4^{2-}$$

$$2B^+ + Zn(SCN)_4^{2-} \longrightarrow B_2Zn(SCN_4)(形成缔合物)$$

$$B^+ + SCN^- \longrightarrow BSCN \downarrow (形成载体)$$

$B_2Zn(SCN)_4$ 与 BSCN 发生共沉淀,因而将痕量 Zn^{2+} 富集于沉淀之中。

又如，痕量 Ni^{2+} 与丁二酮肟生成螯合物，分散在溶液中，若加入丁二酮肟二烷酯（难溶于水）的乙醇溶液，则析出固相的丁二酮肟二烷酯，便将丁二酮肟镍螯合物共沉淀出来。丁二酮肟二烷酯只起载体作用，称为惰性共沉淀剂。

（六）吸附法

吸附是利用多孔性的固体吸附剂将水样中一种或数种组分吸附于表面，以达到分离的目的。

常用的吸附剂有活性炭、氧化铝、分子筛、大网状树脂等。被吸附富集于吸附剂表面的污染组分，可用有机溶剂或加热解吸出来供测定。

例如，国内某单位用国产 DA201 大网状树脂富集海水中 10^{-9} 级有机氯农药，用无水乙醇解吸，石油醚萃取两次，经无水硫酸钠脱水后，用气相色谱电子捕获检测器测定，对农药各种异构体均得到满意的分离，其回收率均在 80% 以上，且重复性好，一次能富集几升甚至几十升海水。

● 议一议

1. 水样为什么要预处理才能进行测定？
2. 消解水样有什么作用？消解要达到什么样的效果才完全？
3. 消解时必须注意什么？
4. 分离待测组分和干扰组分的方法有哪些？
5. 溶剂萃取的原理是什么？有哪些主要类型？
6. 怎样处理测定挥发酚的水样？
7. 沉淀分离法和共沉淀分离法处理水样时，其原理有何不同？
8. 何谓蒸馏，蒸馏分离法的原理是什么？

● 技能训练——做一做

任务一　钼锑抗分光光度法测磷水样的预处理

采集的水样立即经 $0.45\mu m$ 微孔滤膜过滤，其滤液供可溶性正磷酸盐的测定。滤液经下述强氧化剂的氧化分解，测得可溶性总磷。取混合水样（包括悬浮物），也经下述强氧化剂分解，测得水中总磷含量。

（一）过硫酸钾消解法

1. 仪器

① 医用手提式高压蒸汽消毒器或一般民用压力锅，0.1～0.15MPa。

② 电炉 2kW。

③ 调压器，2kV·A，0～220V。
④ 50mL（磨口）具塞刻度管。

2. 试剂

5％过硫酸钾溶液：溶解5g过硫酸钾于水中，并稀释至100mL。

3. 步骤

① 吸取25.0mL混匀水样（必要时，酌情少取水样，并加水至25mL，使含磷量不超过30μg）于50mL具塞刻度管中，加过硫酸钾溶液4mL，加塞后管口包一小块纱布并用线扎紧，以免加热时玻璃塞冲出。将具塞刻度管放在大烧杯中，置于高压蒸汽消毒器或压力锅中加热，待锅内压力达0.11MPa（相应温度为120℃）时，调节电炉温度使保持此压力30min后，停止加热，待压力表指针降至零后，取出放冷。如溶液混浊，则用滤纸过滤，洗涤后定容。

② 试剂空白和标准溶液系列也经同样的消解操作。

4. 注意事项

① 如采样时水样用酸固定，则用过硫酸钾消解前将水样调至中性。

② 一般民用压力锅，在加热至顶压阀出气孔冒气时，锅内温度约为120℃。

③ 不具备压力消解条件时，亦可在常压下进行，操作步骤如下：分取适量混匀水样（含磷不超过30μg）于150mL锥形瓶中，加水至50mL，加数粒玻璃珠，加1mL(3+7)硫酸溶液、5mL 5％过硫酸钾溶液，置电热板或可调电炉上加热煮沸，调节温度使保持微沸30～40min，至最后体积为10mL。放冷，加1滴酚酞指示剂，滴加氢氧化钠溶液至刚呈微红色，再滴加1mol/L硫酸溶液使红色褪去，充分摇匀。如溶液不澄清，则用滤纸过滤于50mL比色管中，用水洗锥形瓶及滤纸，一并移入比色管中，加水至标线供分析用。

（二）硝酸-硫酸消解法

1. 仪器

可调温度的电炉或电热板，凯氏烧瓶。

2. 试剂

① 硝酸（ρ＝1.40g/mL）。
② (1+1)硫酸。
③ 硫酸（$1/2H_2SO_4$）：1mol/L。
④ 氢氧化钠溶液：1mol/L，6mol/L。
⑤ 1％酚酞乙醇指示液。

3. 步骤

吸取25.0mL水样置于凯氏烧瓶中，加数粒玻璃珠，加2mL(1+1)硫酸及2～5mL硝酸。在电热板上或可调电炉上加热至冒白烟，如液体尚未清澈透明，放冷后,加 5mL 硝酸,再加热至冒白烟,并获得透明液体。放冷后加约 30mL 水,加热煮沸约 5min。放冷后,加 1 滴酚酞指示剂,滴加氢氧化钠溶液至刚呈微红色,再滴加 1mol/L 硫酸溶液使微红正好褪去,充分混匀,移至 5mL 比色管中。如溶液混浊,则用滤纸过滤,并用水洗凯氏瓶和滤纸,并移入比色管中,稀释至标线,供分析用。

(三) 硝酸-高氯酸消解法

1. 仪器

可调温度电炉或电热板,125mL 锥形瓶。

2. 试剂

① 硝酸 $\rho=1.40 \text{g/mL}$。

② 高氯酸(优级纯):含量 70%～72%。

③ 硫酸 $(1/2H_2SO_4)$:1mol/L。

④ 氢氧化钠溶液:1mol/L,6mol/L。

⑤ 1%酚酞指示剂:0.5g 酚酞溶于 95%乙醇稀释至 50mL。

3. 步骤

吸取 25.0mL 水样置于锥形瓶中,加数粒玻璃珠,加 2mL 硝酸,在电热板上加热浓缩至约 10mL,冷后加 5mL 硝酸,再加热浓缩至约 10mL,放冷。加 3mL 高氯酸,加热至冒白烟时,可在锥形瓶上加小漏斗或调节电热板温度,使消解液在锥形瓶内壁保持回流状态直至剩下 3～4mL,放冷,加水 10mL,加 1 滴酚酞指示剂,滴加氢氧化钠溶液至刚呈微红色,再滴加 1mol/L 硫酸溶液使微红正好褪去,充分混匀,移至 50mL 比色管中。如溶液混浊,可用滤纸过滤,并用水充分洗锥形瓶及滤纸,一并移入比色管中,稀释至标线,供分析用。

4. 注意事项

① 消解时需在通风橱中进行。

② 视水样中有机物含量及干扰情况,硝酸和高氯酸用量可适当增减。

③ 高氯酸与有机物的混合物,经加热可能产生爆炸,应注意防止这种危险的产生。

任务二 直接吸入火焰原子吸收分光光度法测定铜水样的预处理

1. 仪器

可调温度的电炉或电热板,烧杯。

2. 试剂

① 硝酸,优级纯。

② 高氯酸,优级纯。

③ 去离子水。

3. 步骤

取 100.0mL 水样置于 200mL 烧杯中，加入 5mL 硝酸，在电热板上加热消解（不要沸腾）。蒸至 10mL 左右，加入 5mL 硝酸和 2mL 高氯酸，继续消解，蒸至 1mL 左右。如果消解不完全，再加入 5mL 硝酸和 2mL 高氯酸，再蒸至 1mL 左右。取下冷却，加水溶解残渣，用水定容至 100mL。

取 100mL0.2％的硝酸，按上述相同的程序操作，以此为空白样。

任务三　纳氏试剂分光光度法测定氨氮水样的预处理

水样带色或浑浊以及含其他一些干扰物质，影响氨氮的测定。为此，在分析时需做适当的预处理。对较清洁的水，可采用絮凝沉淀法；对污染严重的水或工业废水，则用蒸馏法消除干扰。

（一）絮凝沉淀法

加适量的硫酸锌于水样中，并加氢氧化钠使呈碱性，生成氢氧化锌沉淀，再经过滤除去颜色和浑浊等。

1. 仪器

100mL 具塞量筒或比色管。

2. 试剂

① 10％硫酸锌溶液：称取 10g 硫酸锌溶于水，稀释至 100mL。

② 25％氢氧化钠溶液：称取 25g 氢氧化钠溶于水，稀释至 100mL，贮于聚乙烯瓶中。

③ 硫酸，$\rho=1.84g/cm^3$。

3. 步骤

取 100mL 水样于具塞量筒或比色管中，加入 1mL 10％硫酸锌溶液和 0.1～0.2mL25％氢氧化钠溶液，调节 pH 至 10.5 左右，混匀。放置使沉淀，用经无氨水充分洗涤过的中速滤纸过滤，弃去初滤液 20mL。

（二）蒸馏法

调节水样 pH 为 6.0～7.4 范围，加入适量氧化镁使呈微碱性（也可加入 pH9.5 的 $Na_2B_4O_7 \cdot NaOH$ 缓冲溶液使呈弱碱性进行蒸馏；pH 过高能促使有机氮的水解，导致结果偏高），蒸馏释放出的氨被吸收于硫酸或硼酸溶液中。采用纳氏比色法或酸滴定法时，以硼酸溶液为吸收液；采用水杨酸-次氯酸盐比色法时，则以硫酸溶液作吸收液。

1. 仪器

带氮球的氨氮蒸馏装置：500mL 凯氏烧瓶、氮球、直形冷凝管和导管，装置如图 2-13 所示。

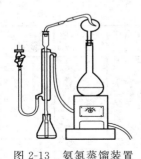

图 2-13　氨氮蒸馏装置

2. 试剂

水样稀释及试剂配制均用无氨水。

① 无氨水制备

a. 蒸馏法。每升蒸馏水中加 0.1mL 硫酸，在全玻璃蒸馏器中重蒸馏，弃去 50mL 初馏液，接取其余馏出液于具塞磨口的玻璃瓶中，密塞保存。

b. 离子交换法。使蒸馏水通过强酸性阳离子交换树脂柱。

② 1mol/L 盐酸溶液。

③ 1mol/L 氢氧化钠溶液。

④ 轻质氧化镁（MgO）：将氧化镁在 500℃下加热去碳酸盐。

⑤ 0.05％溴百里酚蓝指示液（pH6.0～7.6）。

⑥ 防沫剂，如石蜡碎片。

⑦ 吸收液

a. 硼酸溶液。称取 20g 硼酸溶于水。

b. 硫酸（H_2SO_4）溶液：0.01mol/L。

3. 步骤

① 蒸馏装置的预处理。加 250mL 水样于凯氏烧瓶中，加 0.25g 轻质氧化镁和数粒玻璃珠，加热蒸馏至馏出液不含氨为止，弃去瓶内残液。

② 分取 250mL 水样（如氨氮含量较高，可分取适量并加水至 250mL，使氨氮含量不超过 2.5mg），移入凯氏烧瓶中，加数滴溴百里酚蓝指示液，用氢氧化钠溶液或盐酸溶液调节至 pH7 左右。加入 0.25g 轻质氧化镁和数粒玻璃珠，立即连接氮球和冷凝管，导管下端插入吸收液液面下。加热蒸馏，至馏出液达 200mL 时，停止蒸馏，定容至 250mL。

③ 采用酸滴定法或纳氏比色法时，以 50mL 硼酸溶液为吸收液；采用水杨酸-次氯酸比色法时，改用 50mL 0.01mol/L 硫酸溶液为吸收液。

4. 注意事项

① 蒸馏时应避免发生暴沸，否则可造成馏出液温度升高，氨吸收不完全。

② 防止在蒸馏时产生泡沫，必要时可加少许石蜡碎片于凯氏烧瓶中。

③ 水样如含余氯，则应加入适量 0.35％硫代硫酸钠溶液，每 0.5mL 可除去 0.25mg 余氯。

● 评一评——项目考核评分表

班级：_____ 组别：_____ 姓名：_____

项目考核		评价内涵和标准	项目权重 /%	学生自评 20%	学生互评 30%	教师评价 50%
考核内容	指标分解					
知识内容	水样的消解与富集，干扰组分的分离	结合学生自查资料，熟识水样预处理的相关知识，掌握水样消解操作及各种分离方法的原理与操作	20			
项目完成度	对水样预处理方法的理解	掌握水样预处理的操作及注意事项	20			
	实践过程	实践操作的标准化、规范化程度	15			
		知识应用能力、应变能力、能正确地分析和解决问题的能力	10			
	成果检查	预处理后水样的展示并结合后期水样的分析测定结果进行综合评价，准确回答老师提出的疑问	15			
表现	团队合作	能正确、全面获取信息并进行有效的归纳	5			
		能积极参与预处理方案的制订，进行小组讨论，提出自己的建议和意见	5			
		善于沟通，积极与他人合作完成任务，能正确分析和解决问题	5			
		遵守纪律，安全环保意识与总体表现	5			
综合评分						
综合评语						

项目四　水样中理化指标的分析测定

● 典型工作任务

水样中理化指标的分析测定，常见的有水温、色度、悬浮物、浊度等。在本项目中重点介绍的监测项目为《污水综合排放标准》(GB 8978)中第二类污染物色度和悬浮物的测定。

● 任务驱动

通过本项目应具备的能力目标、知识目标及素质目标如表 2-9。

表 2-9　能力、知识与素质目标

能力目标	知识目标	素质目标
1. 能根据任务要求进行合理分工； 2. 能根据任务要求查找相关的环境标准、规范和环境专业知识； 3. 能依据监测方法的要求选择合适的采样方法和采样器，并能熟练操作采样仪器并编制操作规程； 4. 能根据现场采集的样品类型选择合适的保存和运输方法； 5. 能运用化学分析或仪器分析的方法，对不同污染物样品进行分析并能正确处理实验数据； 6. 能熟练使用分析仪器； 7. 能针对物理监测因子编制科学合理的采样记录表和分析测试原始记录表，并规范填写； 8. 能正确选择评价标准对监测结果进行评价，编制监测报告并能用流畅、简洁、精确的语言表达； 9. 能把质量控制体系运用在整个监测过程中	1. 掌握监测任务中采样点的布设原则，采样时间、采样频率的设置方法； 2. 掌握物理监测因子的采样方法、样品的预处理方法及样品的分析方法； 3. 掌握监测数据的处理方法； 4. 理解物理污染因子监测分析的方法原理； 5. 掌握采样记录表和分析测试原始记录表的设计和填写要求； 6. 了解采样仪器操作规程编制的书写格式及注意事项； 7. 掌握监测过程中的质量控制措施	1. 养成团结合作、积极进取的协作精神； 2. 学会自我学习，树立追求知识、独立思考、勇于创新的科学态度和踏实肯干、任劳任怨的工作作风； 3. 树立安全环保意识； 4. 树立诚信意识、质量意识和规范意识； 5. 学会发现问题、解决问题；学会沟通和应变方法； 6. 养成敬业爱岗、严格遵守操作规程的职业道德

● **国家相关标准**

《污水综合排放标准》（GB 8978）
《水质 色度的测定》（GB 11903）
《水质 悬浮物的测定 重量法》（GB 11901）
《生活饮用水卫生标准》（GB 5749—2006）
《生活饮用水标准检验方法 感官性状和物理指标》（GB/T 5750.4—2006）
《地下水质量标准》（GB/T 14848）

● **知识链接——读一读**

一、水中色度的测定 （GB 11930—89，GB/T 5750.4—2006，GB 5749—2006，GB 8978—2002）

颜色反映水体的外观指标。在天然水中，经常显示出浅黄、浅褐或黄绿等不同的颜色。产生颜色的原因是由于溶于水的腐殖质、有机物或无机物所造成。当水体受到工业废水的污染时也会呈现不同的颜色。这些颜色分为真色与表色。真色是由于水中溶解性物质引起的，也就是除去水中悬浮物后的颜色，表色是没有除去水中悬浮物时产生的颜色。

在水处理中，水的色度是一项重要指标。水的色度是对天然水或处理后的各种水进行颜色定量测定时的指标。溶液状态的物质所产生的颜色称为"真色"；由悬浮物质产生的颜色称为"假色"。测定前必须将水样中的悬浮物除去。

测定水中色度的国家标准方法有铂钴比色法和稀释倍数法。铂钴比色法适用于较清洁的、带有黄色色调的天然水和饮用水的测定。稀释倍数法适用于受工业废水污染的地表水和工业废水颜色的测定。

二、水中悬浮物的测定 （GB 11901，GB 8978，GB/T 14848）

水中悬浮物含量是衡量水污染程度的指标之一。地表水中存在悬浮物会使水体浑浊，降低透明度，影响水生生物的呼吸和代谢，甚至造成鱼类窒息死亡。悬浮物多时，还可能造成河道阻塞。造纸、皮革、选矿和喷淋除尘等工业操作中产生大量含无机物、有机物的悬浮物废水，水体中的有机悬浮物沉积后易厌氧发酵，使水质恶化。因此，在水和废水处理中，测定悬浮物具有特定意义。悬浮物又称为不可滤残渣，是指不能通过孔径为 $0.45\mu m$ 滤膜的固体物。

《污水综合排放标准》（GB 8978）分三级，规定了污水和废水中悬浮物的最高允许排放浓度，《地下水质量标准》（GB/T 14848）和《生活饮用水卫生标准》（GB 5749—2006）对水中悬浮物以浑浊度为指标作了规定。

测定水中悬浮物的国家标准方法为重量法。

● 议一议

1. 水中颜色的主要来源有哪些？
2. 测定水中颜色的方法有哪些？
3. 水体中悬浮物的危害有哪些？如何进行测定？

● 技能训练——做一做

任务一　色度的测定——目视比色法

（一）实验目的

1. 掌握样品的采集和保存方法。
2. 掌握标准色列的配制及目视比色测定色度的方法。

（二）实验原理

该方法用氯铂酸钾与氯化钴配成铂钴标准色列，再与水样进行目视比色，确定水样的色度，测定结果用度表示。

（三）仪器

50mL 成套具塞比色管。

（四）试剂

铂钴标准溶液（铂钴色度为500度）：称取 1.246g 氯铂酸钾（K_2PtCl_6）及 1.000g 氯化钴（$CoCl_2 \cdot 6H_2O$），溶于 100mL 水中，加入 100mL HCl，定容到 1000mL，保存在密塞玻璃瓶中，放于暗处。

（五）实验操作方法

1. 配制标准色列

取比色管 12 支，分别加入相应体积的铂钴标准溶液，加纯水至刻度，摇匀。各管加入的铂钴标准溶液和铂钴色度值，见表 2-10。

表 2-10 铬钴标准色列

比色管编号	1	2	3	4	5	6	7	8	9	10	11	12
标准溶液/mL	0	0.50	1.00	1.50	2.00	2.50	3.00	3.50	4.00	4.50	5.00	6.00
色度/度	0	5	10	15	20	25	30	35	40	45	50	60

2. 水样测定

取 50mL 透明水样于比色管中。如水样浑浊应先进行离心，取上清液测定。将水样与标准色列进行目视比色。观察时，可将比色管置于白瓷板或白纸上，使光线从管底部向上透过液柱，目光自管口垂直向下观察，记下与水样色度相近的铂钴标准色列的色度。

如水样色度过高，可少取水样，加纯水稀释后比色，将结果乘以稀释倍数。

（六）结果计算

如果水样没有经过稀释，可直接报告与水样最接近标准色列的色度值。如果水样经过稀释，则按照下列公式进行计算。

$$A_0(度) = A_1 \times \frac{V_1}{V_0}$$

式中 A_0——水样的色度，度；

A_1——稀释后水样的色度，度；

V_1——水样稀释后的体积，mL；

V_0——取原水样的体积，mL。

（七）说明及注意事项

1. 如水样浑浊，则放置澄清，亦可用离心法使之清澈，然后取上清液测定。如果样品中有泥土或其他分散很细的悬浮物，虽经预处理而得不到透明水样时，则只测"表观颜色"。但不能用滤纸过滤，用滤纸能吸收部分颜色。

2. 可用重铬酸钾代替氯铂酸钾配制铂钴标准色列。铂钴标准溶液（铂钴色度为 500 度）：称取 0.0437g 重铬酸钾及 1.000g 硫酸钴（$CoSO_4 \cdot 6H_2O$），溶于少量水中，加入 0.5mL H_2SO_4，定容到 500mL，保存在密塞玻璃瓶中，放于暗处。

3. 比色时注意在白色背景下，自管口垂直向下观察。

任务二 悬浮物的测定——重量法

（一）实验目的

1. 熟悉过滤和称量操作。

2. 掌握重量法测定悬浮物的方法。

(二) 实验原理

水质中的悬浮物是指水样通过 $0.45\mu m$ 的滤膜，截留在滤膜上并于 $103\sim 105℃$ 烘干至恒重的固体物质。

(三) 仪器

烘箱、分析天平、干燥器、孔径为 $0.45\mu m$ 滤膜、吸滤瓶、真空泵、内径为 $30\sim 50mm$ 称量瓶。

(四) 实验操作方法

① 将滤膜放在称量瓶中，打开瓶盖，在 $103\sim 105℃$ 烘干 2h，取出放入干燥器，冷却后盖好瓶盖称重，直至恒重（两次称量相差不超过 0.2mg）。

② 去除漂浮物后振荡水样，量取均匀适量的水样（使悬浮物大于 2.5mg），用烘至恒重的滤膜过滤；用蒸馏水洗残渣 $3\sim 5$ 次。如样品中含油脂，用 10mL 石油醚分两次淋洗残渣。

③ 小心取下滤膜，放入原称量瓶内，在 $103\sim 105℃$ 烘箱中，打开瓶盖烘 2h，冷却后盖好盖称重，直至恒重为止（两次称量相差不超过 0.4mg）。

(五) 结果计算

水中悬浮物浓度（mg/L）按下式计算：

$$\rho = \frac{(A-B)\times 10^6}{V}$$

式中　ρ ——悬浮物浓度，mg/L；
　　　A ——悬浮物＋滤膜＋称量瓶质量，g；
　　　B ——滤膜＋称量瓶质量，g；
　　　V ——试样体积，mL。

(六) 干扰及消除

废水黏度高时，可加 $2\sim 4$ 倍蒸馏水稀释，振荡均匀，待沉淀物下降后再过滤。

(七) 说明及注意事项

1. 关闭真空泵、烘箱、天平的电源开关，拔掉电源插头。
2. 树叶、木棒、水草等杂质应先从水中除去。

● 评一评——项目考核评分表

班级：_____ 组别：_____ 姓名：_____

项目考核 考核内容	指标分解	评价内涵和标准	项目权重/%	学生自评 20%	学生互评 30%	教师评价 50%
知识内容	水样中理化指标的知识，常用监测分析方法原理	结合学生自查资料，熟悉水样中理化指标知识，掌握常用的监测分析方法原理、操作及计算方法	20			
项目完成度	常用监测方法的理解	能够掌握相关仪器的操作及使用流程	10			
	实践过程	实践操作的标准化、规范化程度	20			
		知识应用能力、应变能力，能正确地分析和解决问题的能力	10			
	检测结果分析及优化	检测结果分析的表达与展示，能准确进行结果评价，准确回答老师提出的疑问	20			
表现	团队合作	能正确、全面获取信息并进行有效的归纳	5			
		能积极参与分析方案的制订，进行小组讨论，提出自己的建议和意见	5			
		善于沟通，积极与他人合作完成任务，能正确分析和解决问题	5			
		遵守纪律，安全环保意识与总体表现	5			
综合评分						

综合评语	

项目五 水样中营养盐及氧平衡指标的分析测定

● 典型工作任务

营养物质是指促进水中植物生长,从而加速水体富营养化的各种物质,主要指氮和磷。污水中的氮可分为有机氮和无机氮两类。前者是含氮化合物,如蛋白质、多肽、氨基酸和尿素等,后者指氨氮、亚硝酸态氮、硝酸态氮等,它们中大部分直接来自污水,但也有一部分是有机氮经微生物分解转化而形成。在天然水和废水中,磷几乎都以各种磷酸盐的形式存在,它们分别为正磷酸盐、缩合磷酸盐(焦磷酸盐、偏磷酸盐和多磷酸盐)和有机结合的磷(如磷脂)等,它们存在于溶液中、腐殖质粒子中或水生生物中。主要来自于城市生活污水以及一些工厂排放的废水中(如化肥厂、食品厂所排出的废水中均含有氮、磷)。植物营养物污染的危害是水体富营养化,造成湖泊、河流透明度降低,水质变坏。氨磷是评价水质的重要指标。

生活污水和工业废水中都含有大量的有机污染物,它们主要是由碳、氢、氧、氮、硫等基本元素组成。有机化合物通常以毒性大、强致癌性和消耗水体中溶解氧的形式对环境和人体产生危害作用,所以有机物污染指标是水质监测非常重要的指标。有机污染物的种类很多,难以将它们准确地加以区分和定量,目前采用综合指标如氧平衡指标(化学需氧量,高锰酸盐指数,生化需氧量及溶解氧)方法来表示。

在本项目中介绍的监测指标为水样中营养盐氮、磷及氧平衡指标化学需氧量、高锰酸盐指数、生化需氧量。

● 任务驱动

通过本项目应具备的能力目标、知识目标及素质目标如表 2-11。

表 2-11 能力、知识与素质目标

能 力 目 标	知 识 目 标	素 质 目 标
1. 能根据任务要求进行合理分工; 2. 能根据任务要求查找相关的环境标准、规范和环境专业知识; 3. 能依据监测方法的要求选择合适的采样方法和采样器,并能正确采样;	1. 掌握监测任务中采样点的布设原则,采样时间、采样频率的设置方法; 2. 掌握各水样中营养盐及氧平衡指标的采样方法、样品的预处理方法及样品的分析方法,理解监测分析方法的原理;	1. 培养团队合作意识、与人沟通的能力; 2. 学会自我学习,树立追求知识、独立思考、勇于创新的科学态度和踏实、认真、肯干的工作作风; 3. 培养获取信息的能力(图表查阅、专利、手册、网络资源等);

续表

能力目标	知识目标	素质目标
4. 能根据现场采集的样品类型选择合适的保存和运输方法； 5. 能对样品进行分析并能正确处理实验数据； 6. 能熟练使用分析仪器； 7. 能编制科学合理的采样记录表和分析测试原始记录表，并规范填写； 8. 能正确选择评价标准对监测结果进行评价，编制监测报告，并能用流畅、简洁、精准的语言表达； 9. 能把质量控制体系运用在整个监测过程中	3. 掌握监测数据的处理方法； 4. 掌握采样记录表和分析测试原始记录表的设计和填写要求； 5. 掌握监测过程中的质量控制措施	4. 树立安全环保意识； 5. 树立诚信意识、质量意识和规范意识； 6. 学会发现问题、解决问题； 7. 养成敬业爱岗、严格遵守操作规程的职业道德

● **国家相关标准**

《水质　氨氮的测定　流动注射-水杨酸分光光度法》（HJ 666—2013）
《水质　氨氮的测定　连续流动-水杨酸分光光度法》（HJ 665—2013）
《水质　氨氮的测定　水杨酸分光光度法》（HJ 536—2009）
《水质　氨氮的测定　纳氏试剂分光光度法》（HJ 535—2009）
《水质　氨氮的测定　气相分子吸收光谱法》（HJ/T 195—2005）
《水质　总磷的测定　流动注射-钼酸铵分光光度法》（HJ 671—2013）
《水质　总磷的测定　钼酸铵分光光度法》（GB 11893—89）
《水质　溶解氧的测定　电化学探头法》（HJ 506—2009）
《水质　溶解氧的测定　碘量法》（GB 7489—87）
《水质　化学需氧量的测定　重铬酸盐法》（GB 11914—89）
《水质　高锰酸盐指数的测定》（GB 11892—89）
《水质　五日生化需氧量（BOD_5）的测定　稀释与接种法》（HJ 505—2009）
《水质　生化需氧量（BOD）的测定　微生物传感器快速测定法》（HJ/T 86—2002）

● **知识链接——读一读**

一、氨氮的测定（HJ 535—2009，HJ 666—2013，HJ 665—2013，HJ 536—2009，HJ/T 195—2005）

氨氮（NH_3-N）以游离氨（NH_3）或铵盐（NH_4^+）形式存在于水中，两者的组成比取决于水的 pH 值和水温。当 pH 值偏高时，游离氨的比例较高。反之，则铵盐的比例高，水温则相反。

水中氨氮的来源主要为生活污水中含氮有机物受微生物作用的分解产物，某些工业废水，如焦化废水和合成氨化肥厂废水等，以及农田排水。此外，在无氧环境中，水中存在的亚硝酸盐亦可受微生物作用，还原为氨。在有氧环境中，水中氨亦可转变为亚硝酸盐，甚至继续转变为硝酸盐。

测定水中各种形态的氮化合物，有助于评价水体被污染和自净状况。

鱼类对水中氨氮比较敏感，当氨氮含量高时会导致鱼类死亡。

测定水中氨氮的国家标准方法有流动注射-水杨酸分光光度法、连续流动-水杨酸分光光度法、水杨酸分光光度法、纳氏试剂分光光度法、气相分子吸收光谱法。

二、总磷的测定（HJ 671—2013，GB 11893—89）

在天然水和废水中，磷几乎都以各种磷酸盐的形式存在，它们分为正磷酸盐、缩合磷酸盐（焦磷酸盐、偏磷酸盐和多磷酸盐）和有机结合的磷（如磷脂）等，它们存在于溶液中，腐殖质粒子中或水生生物中。

一般天然水中磷酸盐含量不高。化肥、冶炼、合成洗涤剂等行业的工业废水及生活污水中常含有较大量磷。磷是生物生长必需的元素之一。但水体中磷含量过高（如超过 0.02mg/L），可造成藻类的过度繁殖，直至数量上达到有害的程度（称为富营养化），造成湖泊、河流透明度降低，水质变坏。磷是评价水质的重要指标。

测定水中总磷的国家标准方法为流动注射-钼酸铵分光光度法、钼酸铵分光光度法。

三、溶解氧的测定（GB 7489—87，HJ 506—2009）

溶解在水中的分子态氧称为溶解氧。水中溶解氧的含量与大气压力、水温及含盐量等因素有关。大气压力降低、水温升高、含盐量增加都会导致水中溶解氧含量降低。清洁地面水中溶解氧一般接近饱和。污染水体的有机、无机还原性物质在氧化过程中会消耗溶解氧，若大气中的氧来不及补充，水中的溶解氧就会逐渐降低，以至接近于零，此时厌氧菌繁殖，导致水质恶化。废水中因含有大量污染物质，一般溶解氧含量较低。

水中的溶解氧虽然不是污染物质，但通过溶解氧的测定，可以大体估计水中的有机物为主的还原性物质的含量，是衡量水质优劣的重要指标。

测定水中溶解氧的国家标准方法为电化学探头法、碘量法。

四、化学需氧量的测定 (GB 11914—89)

化学需氧量是指在一定条件下，用强氧化剂处理水样时所消耗氧化剂的量，以氧的浓度（mg/L）来表示。化学需氧量反映了水中受还原性物质污染的程度。水中还原性物质包括有机物、亚硝酸盐、亚铁盐、硫化物等。水被有机物污染是很普遍的，因此化学需氧量是表征水样中有机物相对含量的指标之一。

水样的化学需氧量，可因加入氧化剂的种类及浓度、反应溶液的酸度、反应温度和时间以及催化剂的有无而获得不同的结果。因此，化学需氧量亦是一个条件性指标，必须严格按操作步骤进行。

对于污水，我国规定用重铬酸钾法，其测得的值称为化学需氧量。国外也有用高锰酸钾、臭氧等氧化剂的方法体系。如果使用，必须与重铬酸钾法做对照实验，做出相关系数，以重铬酸钾法上报监测数据。

测定水中化学需氧量的国家标准方法为重铬酸盐法。

五、高锰酸盐指数的测定 (GB 11892—89)

高锰酸盐指数是指在一定条件下，以高锰酸钾为氧化剂氧化水样中的还原性物质所消耗的高锰酸钾的量，以氧的浓度（mg/L）来表示。

高锰酸盐指数的测定原理是水样在碱性或酸性条件下，加入一定量高锰酸钾溶液，沸水浴中加热30min（以氧化水中的有机物），剩余的高锰酸钾溶液以过量草酸钠滴定，过量的草酸钠再用高锰酸钾溶液滴定，从而计算出高锰酸盐指数。

① 国际标准化组织建议高锰酸盐指数仅限于测定地表水、饮用水和生活污水。

② 高锰酸盐指数按介质不同，分为酸性高锰酸钾法和碱性高锰酸钾法。氯离子含量不超过300mg/L时，采用酸性高锰酸钾法；超过300mg/L时，采用碱性高锰酸钾法。

六、生化需氧量的测定 (HJ 505—2009，HJ/T 86—2002)

生化需氧量是指在溶解氧充足的条件下，好氧微生物分解水中有机物的生物化学氧化过程中所消耗的溶解氧的量，以氧的浓度（mg/L）表示。好氧微生物分解水中有机物的同时，也会因氧化硫化物、亚铁等还原性无机物质消耗溶解氧，但这部分溶解氧所占比例很小。微生物作用的持续时间不同，所测得的BOD数值也会不同。目前，国际上通行的测定方法是在20℃的条件下测定五天生化需氧量，即BOD_5。

BOD_5是反映水体被有机物污染程度的综合指标，也是研究污水的可生化降解性和生化处理效果,以及生化处理污水工艺设计和动力学研究中的重要参数。

测定水中生化需氧量的国家标准方法为稀释与接种法、微生物传感器快速测定法。

● 议一议

1. 水中氨氮的主要来源有哪些?如何进行测定?测定氨氮的水样如何保存?
2. 水中总磷的主要来源有哪些?如何进行测定?水体中的磷对水体污染有何危害?
3. 采集测溶解氧的水样时要注意哪些事项?
4. 测定高锰酸盐指数的原理是什么?
5. 测定BOD_5的水样应满足什么样的条件,才能获得可靠的测定结果?否则应如何做?
6. 为什么说化学需氧量是作为有机物相对含量的指标之一?测定化学需氧量时水样在回流前加入硫酸汞的作用是什么?

● 技能训练——做一做

任务一 氨氮的测定——纳氏试剂分光光度法

(一)实验目的

1. 学会氨氮水样的预处理方法及蒸馏装置的安装和使用方法。
2. 学会纳氏比色法测定水样中氨氮的方法。

(二)水样采集与保存

水样采集在聚乙烯瓶或玻璃瓶内,并应尽快分析,必要时可加硫酸将水样酸化至pH<2,于2~5℃下存放。酸化样品应注意防止吸收空气中的氨而玷污。

(三)水样的预处理

水样带色或浑浊以及含其他一些干扰物质,影响氨氮的测定。为此,在分析时需做适当的预处理。对较清洁的水,可采用絮凝沉淀法;对污染严重的水或工业废水,则用蒸馏法消除干扰。具体方法与步骤见项目三任务三。

(四)测定方法

1. 方法原理

碘化汞和碘化钾的碱性溶液与氨反应生成淡红棕色胶态化合物,此颜色在较宽的波长内强烈吸收。通常测量用波长在 410~425nm 范围。

2. 干扰及消除

脂肪胺、芳香胺、醛类、丙酮、醇类和有机氯胺类等有机化合物，以及铁、锰、镁和硫等无机离子，因产生异色或浑浊而引起干扰，水中颜色和浑浊亦影响比色。为此，必须经絮凝沉淀过滤或蒸馏预处理，易挥发的还原性干扰物质，还可在酸性条件下加热以除去。对金属离子的干扰，可加入适量的掩蔽剂加以消除。

3. 方法的适用范围

本法最低检出浓度为 0.025mg/L（光度法），测定上限为 2mL。采用目视比色法，最低检出浓度为 0.02mg/L。水样作适当的预处理后，本法可适用于地表水、地下水、工业废水和生活污水中氨氮的测定。

4. 仪器

分光光度计、pH 计。

5. 试剂

配制试剂用水均应为无氨水。

① 纳氏试剂　可选择下列一种方法制备。

a. 称取 20g 碘化钾溶于约 100mL 水中，边搅拌边分次少量加入二氯化汞（$HgCl_2$）结晶粉末（约 10g），至出现朱红色沉淀不易溶解时，改为滴加饱和二氯化汞溶液，并充分搅拌，当出现微量朱红色沉淀不易溶解时，停止滴加氯化汞溶液。

另称取 60g 氢氧化钾溶于水，并稀释至 250mL，充分冷却至室温后，将上述溶液在搅拌下，徐徐注入氢氧化钾溶液中，用水稀释至 400mL，混匀。静置过夜。将上清液移入聚乙烯瓶中，密塞保存。

b. 称取 16g 氢氧化钠，溶于 50mL 水中，充分冷却至室温。

另称取 7g 碘化钾和 10g 碘化汞（HgI_2）溶于水，然后将此溶液在搅拌下徐徐注入氢氧化钠溶液中，用水稀释至 100mL，贮于聚乙烯瓶中，密塞保存。

② 酒石酸钾钠溶液　称取 50g 酒石酸钾钠（$KNaC_4H_4O_6 \cdot 4H_2O$）溶于 100mL 水中，加热煮沸以除去氨，放冷，定容至 100mL。

③ 铵标准贮备溶液　称取 3.819g 经 100℃ 干燥过的优级纯氯化铵（NH_4Cl）溶于水中，移入 1000mL 容量瓶中，稀释至标线。此溶液每毫升含 1.00mg 氨氮。

④ 铵标准使用溶液　移取 5.00mL 铵标准贮备液于 500mL 容量瓶中，用水稀释至标线。此溶液每毫升含 0.010mg 氨氮。

6. 测定步骤

（1）校准曲线的绘制

① 吸取 0、0.50mL、1.00mL、3.00mL、5.00mL、7.00mL 和 10.00mL 铵标准使用液于 50mL 比色管中，加水至标线，加 1.0mL 酒石酸钾钠溶液，混匀。加 1.5mL 纳氏试剂，混匀。放置 10min 后，在波长 420nm 处，用光程 20mm 比色皿，以水为参比，测量吸光度。

② 由测得的吸光度，减去零浓度空白的吸光度后，得到校正吸光度，绘制以氨氮含量（mg）对校正吸光度的校准曲线。

（2）水样的测定

① 分取适量经絮凝沉淀预处理后的水样（使氨氮含量不超过 0.1mg），加入 50mL 比色管中，稀释至标线，加 1.0mL 酒石酸钾钠溶液。以下同校准曲线的绘制。

② 分取适量经蒸馏预处理后的馏出液，加入 50mL 比色管中，加一定量 1mol/L 氢氧化钠溶液以中和硼酸，稀释至标线。加 1.5mL 纳氏试剂，混匀。放置 10min 后，同校准曲线步骤测量吸光度。

（3）空白试验

以无氨水代替水样，做全程序空白测定。

（五）结果计算

由水样测得的吸光度减去空白试验的吸光度后，从校准曲线上查得氨氮量（mg），利用下式计算氨氮含量 ρ_N(mg/L)

$$\rho_N = \frac{m}{V} \times 1000$$

式中　　m——由校准曲线查得的氨氮量，mg；

　　　　V——水样体积，mL。

（六）注意事项

1. 纳氏试剂中碘化汞碘化钾的比例，对显色反应的灵敏度有较大影响。静置后生成的沉淀应除去。

2. 滤纸中常含痕量铵盐，使用时注意用无氨水洗涤。所用玻璃器皿应避免实验室空气中氨的玷污。

任务二　总磷的测定——钼锑抗分光光度法

（一）实验目的

1. 了解测磷水样的预处理方法。

2. 掌握钼锑抗分光光度法测定水中磷的方法。

（二）样品的采集与保存

总磷测定，于水样采集后，加硫酸酸化至 pH≤1 保存。溶解性正磷酸盐的测定，不加任何保存剂，于 2～5℃冷处保存，在 24h 内进行分析。

（三）方法选择

水中磷的测定，通常按其存在的形式而分别测定总磷、溶解性正磷酸盐和总溶解性磷，如图 2-14。

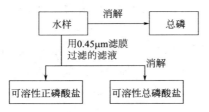

图 2-14　测定水中各种磷的流程图

正磷酸盐的测定可采用离子色谱法、钼锑抗分光光度法、氯化亚锡还原钼蓝法（灵敏度较低，干扰也较多），而孔雀绿-磷钼杂多酸法是灵敏度较高，且容易普及的方法。罗丹明 6G（Rh6G）荧光分光光度法灵敏度最高。本实验采用钼锑抗分光光度法。

（四）水样的预处理

采集的水样立即经 $0.45\mu m$ 微孔滤膜过滤，其滤液供可溶性正磷酸盐的测定。滤液经强氧化剂的氧化分解，测得可溶性总磷。取混合水样（包括悬浮物），也经强氧化剂分解，测得水中总磷含量。过硫酸钾消解法、硝酸-硫酸消解法、硝酸-高氯酸消解法的步骤见项目三任务一。

（五）测定方法

1. 方法原理

在酸性条件下，正磷酸盐与钼酸铵、酒石酸锑氧钾反应，生成磷钼杂多酸，被还原剂抗坏血酸还原，则变成蓝色络合物，通常即称磷钼蓝。

2. 干扰及消除

砷含量大于 2mg/L 有干扰，可用硫代硫酸钠除去。硫化物含量大于 2mg/L 有干扰，在酸性条件下通氮气可以除去。六价铬大于 50mg/L 有干扰，用亚硫酸钠除去。亚硝酸盐大于 1mg/L 有干扰，用氧化消解或加氨磺酸均可以除去。铁浓度为 20mg/L，使结果偏低 5%，铜浓度达 10mg/L 不干扰，氟化物小于

70mg/L 也不干扰。水中大多数常见离子对显色的影响可以忽略。

3. 方法的适用范围

本方法最低检出浓度为 0.01mg/L（吸光度 $A=0.01$ 时所对应的浓度）；测定上限为 0.6mg/L。

可适用于测定地表水、生活污水及化工、磷肥、机加工金属表面磷化处理、农药、钢铁、焦化等行业的工业废水中的正磷酸盐分析。

4. 仪器

分光光度计。

5. 试剂

① (1+1) 硫酸。

② 10%抗坏血酸溶液　溶解 10g 抗坏血酸于水中，并稀释至 100mL。该溶液贮存在棕色玻璃瓶中，在约 4℃可稳定几周。如颜色变黄，则弃去重配。

③ 钼酸盐溶液　溶解 13g 钼酸铵 [$(NH_4)_6Mo_7O_{24} \cdot 4H_2O$] 于 100mL 水中。溶解 0.35g 酒石酸锑氧钾 [$K(SbO)C_4H_4O_6 \cdot 1/2H_2O$] 于 100mL 水中。

在不断搅拌下，将钼酸铵溶液徐徐加到 300mL(1+1) 硫酸中，加酒石酸锑氧钾溶液并且混合均匀，贮存在棕色的玻璃瓶中于约 4℃保存，至少稳定两个月。

④ 浊度-色度补偿液　混合两份体积的 (1+1) 硫酸和一份体积的 10%抗坏血酸溶液。此溶液当天配制。

⑤ 磷酸盐贮备溶液　将优级纯磷酸二氢钾 (KH_2PO_4) 于 110℃干燥 2h，在干燥器中放冷，称取 0.2197g 溶于水中，移入 1000mL 容量瓶中。加 (1+1) 硫酸 5mL，用水稀释至标线。此溶液每毫升含 50.00μg 磷 (以 P 计)。

⑥ 磷酸盐标准溶液　吸取 10.00mL 磷酸盐贮备液于 250mL 容量瓶中，用水稀释至标线，此溶液每毫升含 2.00μg 磷，临用时现配。

6. 测定步骤

(1) 校准曲线的绘制

取数支 50mL 具塞比色管，分别加入磷酸盐标准使用溶液 0、0.50mL、1.00mL、3.00mL、5.00mL、10.0mL、15.0mL，加水至 50mL。

① 显色　向比色管中加入 1mL 10%抗坏血酸溶液，混匀。30s 后加 2mL 钼酸盐溶液充分混匀，放置 15min。

② 测量　用 10mm 或 30mm 比色皿，于 700nm 波长，以零浓度溶液为参比，测量吸光度。

(2) 样品测定

分取适量经滤膜过滤或消解的水样 (使含磷量不超过 30μg) 加入 50mL 比色管中，用水稀释至标线。以下按绘制校准曲线的步骤进行显色和测量。减去空白试验的吸光度，并从校准曲线上查出含磷量。

(六) 结果计算

总磷含量 ρ_P (mg/L) 计算如下：

$$\rho_P = \frac{m}{V}$$

式中　m——由校准曲线查得的磷量，μg；
　　　V——水样体积，mL。

(七) 注意事项

1. 如试样中色度影响测量吸光度时，需做补偿校正。在 50mL 比色管中，分取与样品测定相同量的水样，定容后加入 3mL 浊度补偿液，测量吸光度，然后从水样的吸光度中减去校正吸光度。
2. 室温低于 13℃ 时，可在 20～30℃ 水浴中显色 15min。
3. 操作所用的玻璃器皿，可用 (1+5) 盐酸浸泡 2h，或用不含磷酸盐的洗涤剂刷洗。
4. 比色皿用后应以稀硝酸或铬酸洗液浸泡片刻，以除去吸附的磷钼蓝有色物。

任务三　溶解氧的测定——碘量法

(一) 实验目的

1. 熟练掌握碘量法的测定原理及过程。
2. 掌握水样中氧的固定方法。
3. 为水质指标 BOD 的测定打下基础。

(二) 水样的采集与保存

用碘量法测定水中溶解氧，水样常采集到溶解氧瓶中。采集水样时，要注意不使水样曝气或有气泡残存在采样瓶中。可用水样冲洗溶解氧瓶后，沿瓶壁直接倾注水样或用虹吸法细管插入溶解氧瓶底部，注入水样至溢流出瓶容积的 1/3～1/2。

水样采集后，为防止溶解氧的变化，应立即加固定剂于样品中，并存于冷暗处，同时记录水温和大气压力。

（三）方法选择

测定水中溶解氧常采用碘量法及其修正法、膜电极法和现场快速溶解氧测定仪法。清洁水可直接采用碘量法测定。水样中有色或含有氧化性及还原性物质、藻类、悬浮物等影响测定。氧化性物质可使碘化物游离出碘，产生正干扰；某些还原性物质可把碘还原成碘化物，产生负干扰；有机物（如腐殖酸、单宁酸、木质素等）可能被部分氧化产生负干扰。所以大部分受污染的地表水和工业废水，必须采用修正的碘量法或膜电极法测定。

水样中亚硝酸盐氮含量高于 0.05mg/L，二价铁低于 1mg/L 时，采用叠氮化钠修正法，此法适用于多数污水及生化处理水；水样中二价铁高于 1mg/L，采用高锰酸钾修正法；水样有色或有悬浮物，采用明矾絮凝修正法；含有活性污泥悬浊物的水样，采用硫酸铜-氨基磺酸絮凝修正法。

膜电极法和快速溶解氧仪法是根据分子氧透过薄膜的扩散速率来测定水中溶解氧。方法简便、快速、干扰少，可用于现场测定。

本实验采用碘量法。

（四）测定方法

1. 方法原理

水样中加入硫酸锰和碱性碘化钾，水中溶解氧将低价锰氧化成高价锰，生成四价锰的氢氧化物棕色沉淀。加酸后，氢氧化物沉淀溶解并与碘离子反应释放出游离碘。以淀粉作指示剂，用硫代硫酸钠滴定释放出的碘，可计算溶解氧的含量。

2. 仪器

250～300mL 溶解氧瓶，见图 2-15。

3. 试剂

① 硫酸锰溶液　称取 480g 硫酸锰（$MnSO_4 \cdot 4H_2O$）或 $MnSO_4 \cdot H_2O$ 溶于水，用水稀释至 1000mL。此溶液加至酸化过的碘化钾溶液中，遇淀粉不得产生蓝色。

② 碱性碘化钾溶液　称取 500g 氢氧化钠溶解于 300～400mL 水中，另称取 150g 碘化钾（或 135g NaI）溶于 200mL 水中，待氢氧化钠溶液冷却后，将两溶液合并，混匀，用水稀释至 1000mL。如有沉淀，则放置过夜后，倾出上清液，贮于棕色瓶中。用橡胶塞塞紧，避光保存。此溶液酸化后，遇淀粉不应呈蓝色。

③（1+5）硫酸溶液。

图 2-15　溶解氧瓶

④ 1%淀粉溶液　称取1g可溶性淀粉,用少量水调成糊状,再用刚煮沸水冲稀至100mL。冷却后,加入0.1g水杨酸或0.4g氯化锌防腐。

⑤ 重铬酸钾标准溶液　$[c(1/6K_2Cr_2O_7)=0.0250 mol/L]$　称取于105～110℃烘干2h并冷却的优级纯重铬酸钾1.2258g溶于水,移入1000mL容量瓶中,用水稀释至标线,摇匀。

⑥ 硫代硫酸钠溶液　称取3.2g硫代硫钠($Na_2S_2O_3 \cdot 5H_2O$)溶于煮沸放冷的水中,加入0.2g碳酸钠,用水稀释至100mL。贮于棕色瓶中,使用前用0.0250mol/L重铬酸钾标准溶液标定,标定方法如下。

于250mL碘量瓶中,加入100mL水和1g碘化钾,加入10.00mL 0.0250mol/L重铬酸钾标准溶液、5mL(1+5)硫酸溶液,密塞,摇匀。于暗处静置5min后,用硫代硫酸钠溶液滴定至溶液呈淡黄色,加入1mL淀粉溶液,继续滴定至蓝色刚好褪去为止,记录用量。

$$M = \frac{10.100 \times 0.0250}{V}$$

式中　M——硫代硫酸钠溶液的浓度,mol/L;
　　　V——滴定时消耗硫代硫酸钠溶液的体积,mL。

4. 步骤

(1) 溶解氧的固定

用吸管插入溶解氧瓶的液面下,加入1mL硫酸锰溶液、2mL碱性碘化钾溶液,盖好瓶塞颠倒混合数次,静置。待棕色沉淀物降至瓶内一半时,再颠倒混合一次,待沉淀物降到瓶底,一般在取样现场固定。

(2) 析出碘

轻轻打开瓶塞,立即用吸管插入液面下,加入2.0mL硫酸。小心盖好瓶塞,颠倒混合均匀至沉淀物全部溶解为止,放置暗处5min。

(3) 滴定

移取100.0mL上述溶液于250mL锥形瓶中,用硫代硫酸钠溶液滴定至溶液呈淡黄色,加入1mL淀粉溶液,继续滴定至蓝色刚好褪去为止,记录硫代硫酸钠溶液用量。

(五) 结果计算

$$溶解氧(O_2, mg/L) = \frac{MV \times 8 \times 1000}{100}$$

式中　M——硫代硫酸钠溶液浓度,mol/L;
　　　V——滴定时消耗硫代硫酸钠溶液体积,mL。

（六）注意事项

① 如果水样中含有氧化性物质（如游离氯大于 0.1mg/L 时），应预先于水样中加入硫代硫酸钠去除。即用两个溶解氧瓶各取一瓶水样，在其中一瓶加入 5mL（1+5）硫酸和 1g 硫化钾，摇匀，此时游离出碘。以淀粉作指示剂，用硫代硫酸钠溶液滴定至蓝色刚褪，记下用量（相当于去除游离氯的量）。于另一瓶水样中，加入同样量的硫代硫酸钠溶液，摇匀后按操作步骤测定。

② 如果水样呈强酸性或强碱性，可用氢氧化钠或硫酸溶液调至中性后测定的方法。

任务四 化学需氧量的测定——重铬酸钾法

（一）实验目的

1. 了解 COD 测定的基本原理。
2. 学会回流装置的安装和使用方法。
3. 学会 COD 的测定方法。

（二）测定方法

1. 方法原理

在强酸性溶液中，用一定量的重铬酸钾氧化水样中还原性物质，过量的重铬酸钾以试亚铁灵作指示剂，用硫酸亚铁铵溶液回滴。根据硫酸亚铁铵的用量计算出水样中还原性物质消耗氧的量。

2. 干扰及消除

酸性重铬酸钾氧化性很强，可氧化大部分有机物，加入硫酸银作催化剂时，直链脂肪族化合物可完全被氧化，而芳香族有机物却不易被氧化，吡啶不被氧化，挥发性直链脂肪族化合物、苯等有机物存在于蒸气相，不能与氧化剂液体接触，氧化不明显。氯离子能被重铬酸盐氧化，并且能与硫酸银作用产生沉淀，影响测定结果，故在回流前向水样中加入硫酸汞，使成为络合物以消除干扰。氯离子含量高于 1000mg/L 的样品应先作定量稀释，使含量降低至 1000mg/L 以下，再行测定。

3. 方法的适用范围

用 0.25mol/L 浓度的重铬酸钾溶液可测定大于 50mg/L 的 COD 值，未经稀释水样的测定上限是 700mg/L，用 0.025mol/L 浓度的重铬酸钾溶液可测定 5～50mg/L 的 COD 值，但低于 10mg/L 时测量准确度较差。

4. 仪器

① 回流装置：带 250mL 锥形瓶的全玻璃回流装置，见图 2-16（如取样量在 30mL 以上，采用 500mL 锥形瓶的全玻璃回流装置）。

② 加热装置：变阻电炉。

③ 50mL 酸式滴定管。

5. 试剂

① 重铬酸钾标准溶液（$1/6K_2Cr_2O_7=0.2500$mol/L）称取预先在 120℃ 烘干 2h 的基准或优级纯重铬酸钾 12.258g 溶于水中，移入 1000mL 容量瓶，稀释至标线，摇匀。

② 试亚铁灵指示液 称取 1.458g 邻菲啰啉（$C_{12}H_8N_2 \cdot H_2O$，1,10-phenanthroline），0.695g 硫酸亚铁（$FeSO_4 \cdot 7H_2O$）溶于水中，稀释至 100mL，贮于棕色瓶内。

③ 硫酸亚铁铵标准溶液 [$(NH_4)_2Fe(SO_4)_2 \cdot 6H_2O \approx 0.1$mol/L] 称取 39.5g 硫酸亚铁铵溶于水中，边搅拌边缓慢加入 20mL 浓硫酸，冷却后移入 1000mL 容量瓶中，加水稀释至标线，摇匀。临用前，用重铬酸钾标准溶液标定。

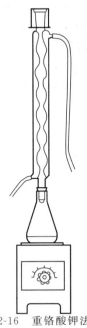

图 2-16 重铬酸钾法测定 COD 的回流装置

标定方法：准确吸取 10.00mL 重铬酸钾标准溶液于 500mL 锥形瓶中，加水稀释至 110mL 左右，缓慢加入 30mL 浓硫酸，混匀。冷却后，加入 3 滴试亚铁灵指示液（约 0.15mL），用硫酸亚铁铵溶液滴定，溶液的颜色由黄色经蓝绿色至红褐色即为终点。

$$c[(NH_4)_2Fe(SO_4)_2] = \frac{0.2500 \times 10.00}{V}$$

式中 c——硫酸亚铁铵标准溶液的浓度，mol/L；

V——硫酸亚铁铵标准滴定溶液的用量，mL。

④ 硫酸-硫酸银溶液 于 2500mL 浓硫酸中加入 25g 硫酸银。放置 1～2d，不时摇动，使其溶解（如无 2500mL 容器，可在 500mL 浓硫酸中加入 5g 硫酸银）。

⑤ 硫酸汞 结晶或粉末。

6. 测定步骤

① 取 20.00mL 混合均匀的水样（或适量水样稀释至 20.00mL）置 250mL 磨口的回流锥形瓶中，准确加入 10.00mL 重铬酸钾标准溶液及数粒洗净的玻璃珠或沸石，连接磨口回流冷凝管，从冷凝管上口慢慢地加入 30mL 硫酸-硫酸银

溶液，轻轻摇动锥形瓶使溶液混匀，加热回流 2h（自开始沸腾时计时）。

② 对于化学需氧量高的废水样，可先取上述操作所需体积 1/10 的废水样和试剂，于 15mm×150mm 硬质玻璃试管中，摇匀，加热后观察是否变成绿色。如溶液显绿色，再适当减少废水取样量，直到溶液不变绿色为止，从而确定废水样分析时应取用的体积。稀释时，所取废水样量不得少于 5mL，如果化学需氧量很高，则废水样应多次逐级稀释。

③ 废水中氯离子含量超过 30mg/L 时，应先把 0.4g 硫酸汞加入回流锥形瓶中，再加 20.00mL 废水（或适量废水稀释至 20.00mL），摇匀。以下操作同上。

④ 冷却后，用 90mL 水从上部慢慢冲洗冷凝管壁，取下锥形瓶。溶液总体积不得少于 140mL，否则因酸度太大，滴定终点不明显。

⑤ 溶液再度冷却后，加 3 滴试亚铁灵指示液，用硫酸亚铁铵标准溶液滴定，溶液的颜色由黄色经蓝绿色至红褐色即为终点，记录硫酸亚铁铵标准溶液的用量。

⑥ 测定水样的同时，以 20.00mL 重蒸馏水，按同样操作步骤作空白试验。记录滴定空白时硫酸亚铁铵标准溶液的用量。

（三）结果计算

$$\text{COD}_{\text{Cr}}(\text{O}_2, \text{mg/L}) = \frac{(V_0 - V_1)c \times 8 \times 1000}{V}$$

式中　c——硫酸亚铁铵标准溶液的浓度，mol/L；

　　　V_0——滴定空白时硫酸亚铁铵标准溶液用量，mL；

　　　V_1——滴定水样时硫酸亚铁铵标准溶液的用量，mL；

　　　V——水样的体积，mL；

　　　8——氧（$\frac{1}{2}$O）摩尔质量，g/mol。

（四）注意事项

1. 使用 0.4g 硫酸汞络合氯离子的最高量可达 40mg，如取用 20.00mL 水样，即最高可络合 2000mg/L 氯离子浓度的水样。若氯离子浓度较低，亦可少加硫酸汞，保持硫酸汞∶氯离子=10∶1。若出现少量氯化汞沉淀，并不影响测定。

2. 水样取用体积可在 10.00~50.00mL 范围之间，但试剂用量及浓度需按表 2-12 进行相应调整，也可得到满意的结果。

表 2-12 水样取用量和试剂用量表

水样体积/mL	0.2500mol/L K_2CrO_7 溶液/mL	H_2SO_4-Ag_2SO_4 溶液/mL	$HgSO_4$/g	$(NH_4)_2Fe(SO_4)_2$ /(mol/L)	滴定前总体积/mL
10.0	5.0	15	0.2	0.050	70
20.0	10.0	30	0.4	0.100	140
30.0	15.0	45	0.6	0.150	210
40.0	20.0	60	0.8	0.200	280
50.0	25.0	75	1.0	0.250	350

3. 对于化学需氧量小于 50mg/L 的水样，应改用 0.0250mol/L 重铬酸钾标准溶液，回滴时用 0.01mol/L 硫酸亚铁铵标准溶液。

4. 水样加热回流后，溶液中重铬酸钾剩余量应是加入量的 1/5～4/5 为宜。

5. 用邻苯二甲酸氢钾标准溶液检查试剂的质量和操作技术时，由于每克邻苯二甲酸氢钾的理论 COD_{Cr} 为 1.176g，所以溶解 0.4251g 邻苯二甲酸氢钾（$HOOCC_6H_4COOK$）于重蒸馏水中，转入 1000mL 容量瓶，用重蒸馏水稀释至标线，使之成为 500mg/L 的 COD_{Cr} 标准溶液。用时新配。

6. COD_{Cr} 的测定结果应保留三位有效数字。

7. 每次实验时，应对硫酸亚铁铵标准滴定溶液进行标定，室温较高时尤其应注意其浓度的变化。标定方法亦可采用如下操作：于空白试验滴定结束后的溶液中，准确加入 10.00mL 0.2500mol/L 重铬酸钾溶液，混匀，然后用硫酸亚铁铵标准溶液进行标定。

8. 回流冷凝管不能用软质乳胶管，否则容易老化、变形、冷却水不通畅。

9. 用手摸冷却水时不能有温感，否则测定结果偏低。

10. 滴定时不能激烈摇动锥形瓶，瓶内试液不能溅出水花，否则影响测定结果。

任务五 高锰酸盐指数的测定——酸性法

（一）实验目的

1. 了解高锰酸盐指数的测定原理。
2. 掌握高锰酸盐指数的测定方法。

（二）样品的保存

采样后要加入（1+3）硫酸，使样品 pH 为 1～2 并尽快分析。如保存时间超过 6h，则需置暗处，0～5℃下保存，不得超过 2 天。

（三）测定方法

1. 适用范围

（1）国际标准化组织建议高锰酸盐指数仅限于测定地表水、饮用水和生活污水。

（2）高锰酸盐指数按介质不同，分为酸性高锰酸钾法和碱性高锰酸钾法。氯离子含量不超过 300mg/L 时，采用酸性高锰酸钾法；超过 300mg/L 时，采用碱性高锰酸钾法。

2. 定义

高锰酸盐指数是反映水体中有机及无机可氧化物质污染的常用指标。定义为：在一定条件下，用高锰酸钾氧化水样中的某些有机物及无机还原性物质，由消耗的高锰酸钾量计算相当的氧量。

高锰酸钾盐指数不能作为理论需氧量或总有机物含量的指标，因为在规定的条件下，许多有机物只能部分被氧化，易挥发的有机物也不包含在测定值之内。

3. 原理

水样加入一定量高锰酸钾溶液和硫酸，沸水浴中加热 30min（以氧化水中的有机物），剩余的高锰酸钾溶液以过量草酸钠滴定，过量的草酸钠再用高锰酸钾溶液滴定，从而计算出高锰酸盐指数。

4. 试剂

除另有说明，均使用符合国家标准或专业标准的分析纯试剂和蒸馏水或同等纯度的水，不得使用去离子水。

① 不含还原性物质的水　将 1L 蒸馏水置于全玻璃整流器中加入 10mL（1+3）硫酸和少量高锰酸钾溶液，蒸馏。弃去 100mL 初馏液，余下馏出液贮存于具有玻璃塞的细口瓶中。

② 硫酸（H_2SO_4）　密度为 1.84g/mL。

③ （1+3）硫酸溶液　在不断搅拌下，将 100mL 硫酸（1.84g/mL）慢慢加入 300mL 水中。趁热加入数滴高锰酸钾溶液直至溶液出现粉红色。

④ 氢氧化钠（500g/L）溶液　称取 50g 氢氧化钠溶于水并稀释至 100mL。

⑤ 草酸钠标准贮备液　浓度 $c(1/2Na_2C_2O_4)$ 为 0.1000mol/L。称取 0.6705g 经 120℃烘干 2h 并放冷的草酸钠（$Na_2C_2O_4$）溶解于水中。移入 100mL 容量瓶中，用水稀释至标线，混匀，置 4℃保存。

⑥ 草酸钠标准溶液　浓度 $c(1/2Na_2C_2O_4)$ 为 0.0100mol/L。吸取 10.00mL 草酸钠贮备液于 100mL 容量瓶中，用水稀释至标线，摇匀。

⑦ 高锰酸钾标准贮备液　浓度 $c(1/5KMnO_4)$ 约为 0.1mol/L。吸取 3.2g 高锰酸钾溶解于水并稀释至 1.000mL。于 90～95℃水浴中加热此溶液 2h，冷

却。存放两天后，倾出溶液，贮于棕色瓶中。

⑧ 高锰酸钾标准溶液　浓度 $c(1/5KMnO_4)$ 约为 0.01mol/L。吸取 100mL 高锰酸钾标准贮备液于 1000mL 容量瓶中，用水稀释至标线，摇匀。此溶液在暗处可保存几个月，使用当天标定其浓度。

5．仪器

常用的实验室仪器和下列仪器。

① 水浴或相当的加热装置，有足够的容积和功率。

② 酸式滴定管（25mL）。新的玻璃器皿必须用酸性高锰酸钾溶液清洗干净。

6．分析步骤

① 吸取 100.0mL 经充分摇动、混合均匀的样品（或分取适量，用水稀释至 100mL），置于 250mL 锥形瓶中，加入 (5±0.5)mL (1+3) 硫酸，用滴定管加入 10.00mL 高锰酸钾标准溶液溶液，摇匀。将锥形瓶置于沸水浴内 (30±2)min（水浴沸腾，开始计时）。

② 取出后用滴定管加入 10.00mL 草酸钠标准溶液至溶液变为无色。趁热用高锰酸钾标准溶液滴定至刚出现粉红色，并保持 30s 不褪。记录消耗的高锰酸钾标准溶液体积。

③ 空白试验：用 100mL 水代替样品，按步骤①、②测定，记录回滴的高锰酸钾标准溶液体积。

④ 向空白试验滴定后的溶液中加入 10.00mL 草酸钠标准溶液。如果需要，将溶液加热至 80℃。用高锰酸钾标准溶液继续滴定至刚出现粉红色，并保持 30s 不褪。记录消耗的高锰酸钾标准溶液体积。

注：沸水浴的水面要高于锥形瓶的液面；样品量以加热氧化后残留的高锰酸钾标准溶液为其加入量的 1/2～1/3 为宜，加热时，如溶液红色褪去，说明高锰酸钾量不够，需重新取样，经稀释后测定；滴定时温度如低于 60℃，反应速率缓慢，因此应至 80℃左右；沸水浴温度为 98℃，如在高原地区，报出数据时，需注明水的沸点。

（四）结果的表示

高锰酸盐指数（I_{Mn}）以每升样品消耗氧的质量（mg）来表示（mg/L），按下式计算。

$$I_{Mn} = \frac{\left[(10+V_1)\dfrac{10}{V_2}-10\right] \times c \times 8 \times 1000}{100}$$

式中　V_1——样品滴定（6②）时，消耗高锰酸钾溶液体积，mL；

V_2——标定（6④）时，所消耗的高锰酸钾溶液体积，mL；

c——草酸钠标准溶液，0.0100 mol/L。

如样品经稀释后测定，按下式计算。

$$I_{Mn} = \frac{\left\{\left[(10+V_1)\dfrac{10}{V_2}-10\right]-\left[(10+V_0)\dfrac{10}{V_2}-10\right]\times f\right\}\times c\times 8\times 1000}{V_3}$$

式中 V_0——空白试验（6③）时，消耗的高锰酸钾溶液体积，mL；

V_3——测定（6①、6②）时，所取样品体积，mL；

f——稀释样品时，蒸馏水在 100mL 测定用体积内所占比例（例如：10mL 样品用水稀释至 100mL，则 $f=100-100/100=0.90$）。

任务六 生化需氧量的测定——稀释接种法

（一）实验目的

1. 学会 BOD_5 水样的采集方法。
2. 学会 BOD_5 的测定方法。

（二）测定方法

1. 实验原理

分别测定水样培养前的溶解氧含量和在（20±1）℃培养五天后的溶解氧含量，二者之差即为五日生化过程所消耗的氧量（BOD_5）。

对于某些地表水及大多数工业废水、生活污水，因含较多的有机物，需要稀释后再培养测定，以降低其浓度，保证降解过程在有足够溶解氧的条件下进行。其具体水样稀释倍数可借助于高锰酸盐指数或化学耗氧量（COD）推算。

对于不含或少含微生物的工业废水，在测定 BOD_5 时应进行接种，以引入能分解污水中有机物的微生物。当污水中存在难于被一般生活污水中的微生物以正常速度降解的有机物或含有剧毒物质时，应接种经过驯化的微生物。

2. 仪器

① 恒温培养箱。

② 1000～2000mL 量筒。

③ 玻璃搅棒 棒长应比所用量筒高度长 20cm，在棒的底端固定一个直径比量筒直径略小，并带有几个小孔的硬橡胶板。

④ 溶解氧瓶 200～300mL，带有磨口玻璃塞，并具有供水封闭的钟形口。

⑤ 5～20L 细口玻璃瓶。

⑥ 虹吸管 供分取水样和稀释水用。

3. 试剂

① 磷酸盐缓冲溶液　将 8.5g 磷酸二氢钾（KH_2PO_4）、21.75g 磷酸氢二钾（K_2HPO_4）、33.4g 磷酸氢二钠（$Na_2HPO_4 \cdot 7H_2O$）和 1.7g 氯化铵（NH_4Cl）溶于水中，稀释至 1000mL。此溶液的 pH 应为 7.2。

② 硫酸镁溶液　将 22.5g 硫酸镁（$MgSO_4 \cdot 7H_2O$）溶于水中，稀释至 1000mL。

③ 氯化钙溶液　将 27.5g 无水氯化钙溶于水，稀释至 1000mL。

④ 氯化铁溶液　将 0.25g 氯化铁（$FeCl_3 \cdot 6H_2O$）溶于水，稀释至 1000mL。

⑤ 0.5mol/L 盐酸溶液　将 40mL 盐酸溶于水，稀释至 1000mL。

⑥ 0.5mol/L 氢氧化钠溶液　将 20g 氢氧化钠溶于水，稀释至 1000mL。

⑦ $c(1/2Na_2SO_3) = 0.025$ mol/L 亚硫酸溶液　将 1.5756g 亚硫酸钠溶于水，稀释至 1000mL。此溶液不稳定，需当天配制。

⑧ 葡萄糖-谷氨酸标准溶液　将葡萄糖和谷氨酸在 103℃ 干燥 1h 后，各称取 150mg 溶于水中，移入 1000mL 容量瓶内，并稀释至标线，混合均匀。此标准溶液临用前配制。

⑨ 稀释水　在 5～20L 玻璃瓶内装入一定量的水，控制水温在 20℃ 左右，然后用无油空气压缩机或薄膜泵，将此水曝气 2～8h，使水中的溶解氧接近于饱和，也可以鼓入适量纯氧。瓶口盖以两层经洗涤晾干的纱布，置于 20℃ 培养箱中放置数小时，使水中溶解氧含量达 8mg/L 左右。临用前于每升水中加入氯化钙溶液、氯化铁溶液、硫酸镁溶液、磷酸盐缓冲溶液各 1mL，并混合均匀。稀释水的 pH 值应为 7.2，其 BOD_5 应小于 0.2 mg/L。

⑩ 接种液　可选以下任一种，以获得适用的接种液。

城市污水：一般采用生活污水，在室温下放置一昼夜，取上层清液使用。

表层土壤浸出液：取 100g 花园土壤或植物生长土壤，加入 1L 水，混合并静置 10min，取上层清液使用。

其他：含城市污水的河水或湖水，污水处理厂的出水。

当分析含有难于降解物质的污水时，在排污口下游 3～8m 处取水样作为污水的驯化接种液。如无此种水源，可取中和或经适当稀释后的污水进行连续曝气，每天加入少量该种污水，同时加入适量表层土壤或生活污水，使能适应该种污水的微生物大量繁殖。当水中出现大量絮状物，或检查其化学耗氧量的降低值出现突变时，表明适用的微生物已进行繁殖，可用做接种液。一般驯化过程需要 3～8 天。

⑪ 接种稀释水　取适量接种液，加于稀释水中，混匀。每升稀释水中接种液加入量为：生活污水为 1～10mL，表层土壤浸出液为 20～30mL，河水、湖水为 10～100mL。接种稀释水的 pH 值应为 7.2，BOD_5 值在 0.3～1.0 mg/L 范围内为宜。接种稀释水配制后应立即使用。

4. 操作步骤

(1) 采样

采取具有代表性的水样。

(2) 水样的预处理

① 水样的 pH 值若超出 6.5~7.5 范围时,可用盐酸或氢氧化钠稀溶液调节至 7,但用量不要超过水样体积的 0.5%。

② 水样中含有铜、铅、锌、镉、铬、砷、氰等有毒物质时,可使用经驯化的微生物接种液的稀释水进行稀释,或增大稀释倍数,以减少有毒物的浓度。

③ 含有少量游离氯的水样,一般放置 1~2h 游离氯即可消失。对于游离氯在短时间不能消散的水样,可加入亚硫酸钠溶液,以除去之。

④ 从水温较低的水域中采集的水样,可能含有过饱和溶解氧,此时应将水迅速升温至 20℃ 左右,充分振摇,以赶出过饱和的溶解氧。

从水温较高的水域或污水排放口取得的水样,则应迅速使其冷却至 20℃ 左右,并充分振摇,使与空气中氧分压接近平衡。

(3) 不经稀释的水样的测定

溶解氧含量较高、有机物含量较少的地表水,可不经稀释,而直接以虹吸法将约 20℃ 的混匀水样转移至两个溶解氧瓶内,转移过程中应注意不使其产生气泡。以同样的操作使两个溶解氧瓶充满水样,加塞水封。

立即测定其中一瓶溶解氧。将另一瓶放入培养箱中,在 (20±1)℃ 培养 5 天后,测其溶解氧。

(4) 需稀释水样的测定

稀释倍数的确定:地表水可由测得的高锰酸盐指数乘以适当的系数求出稀释倍数(见表 2-13)。

表 2-13 高锰酸盐指数和系数

高锰酸盐指数/(mg/L)	系 数	高锰酸盐指数/(mg/L)	系 数
<5	—	10~20	0.4,0.6
5~10	0.2,0.3	>30	0.5,0.7,1.0

工业污水可由重铬酸钾法测得的 COD 值确定。通常需作三个稀释比,即使用稀释水时,由 COD 值分别乘以系数 0.075、0.15、0.225,即获得三个稀释倍数;使用接种稀释水时,则分别乘以 0.075、0.15 和 0.225,获得三个稀释倍数。

稀释倍数确定后按下法之一测定水样。

① 一般稀释法 按照选定的稀释比例,用虹吸法沿筒壁先引入部分稀释水(或接种稀释水)于 1000mL 量筒中,加入需要量的均匀水样,再引入稀释水(或接种稀释水)至 800mL,用带胶板的玻璃棒小心上下搅匀。搅拌时勿使搅棒的胶板露出水面,防止产生气泡。

按不经稀释水样的测定步骤，进行装瓶，测定当天溶解氧和培养 5 天后的溶解氧含量。

另取两个溶解氧瓶，用虹吸法装满稀释水（或接种稀释水）作为空白，分别测定 5 天前、后的溶解氧含量。

② 直接稀释法　直接稀释法是在溶解氧瓶内直接稀释。在已知两个容积相同（其差小于 1mL）的溶解氧瓶内，用虹吸法加入部分稀释水（或接种稀释水），再加入根据瓶容积和稀释比例计算出的水样量，然后引入稀释水（或接种稀释水）至刚好充满，加塞，勿留气泡于瓶内。其余操作与上述稀释法相同。

在 BOD_5 测定中，一般采用叠氮化钠改良法测定溶解氧。如遇干扰物质，应根据具体情况采用其他测定法。

（三）数据处理

1. 不经稀释直接培养的水样

$$BOD_5(mg/L) = c_1 - c_2$$

式中　c_1——水样在培养前的溶解氧浓度，mg/L；
　　　c_2——水样经 5 天培养后剩余溶解氧浓度，mg/L。

2. 经稀释后培养的水样

$$BOD_5(mg/L) = \frac{(c_1 - c_2) - (b_1 - b_2)f_1}{f_2}$$

式中　b_1——稀释水（或接种稀释水）在培养前的溶解氧浓度，mg/L；
　　　b_2——稀释水（或接种稀释水）在培养后的溶解氧浓度，mg/L；
　　　f_1——稀释水（或接种稀释水）在培养液中所占比例；
　　　f_2——水样在培养液中所占比例。

（四）注意事项

1. 测定一般水样的 BOD_5 时，硝化作用很不明显或根本不发生。但对于生物处理池出水，则含有大量硝化细菌。因此，在测定 BOD_5 时也包括了部分含氮化合物的需氧量。对于这种水样，如只需测定有机物的需氧量，应加入硝化抑制剂，如丙烯基硫脲（ATU，$C_4H_8N_2S$）等。

2. 在两个或三个稀释比的样品中，凡消耗溶解氧大于 2mg/L 和剩余溶解氧大于 1mg/L 都有效，计算结果时，应取平均值。

3. 为检查稀释水和接种液的质量以及化验人员的操作技术，可将 20mL 葡萄糖-谷氨酸标准溶液用接种稀释水稀释至 1000mL，测其 BOD_5，其结果应在 180～230mg/L 之间。否则，应检查接种液、稀释水或操作技术是否存在问题。

4. 玻璃器皿应彻底洗净，先用洗涤剂浸泡清洗，然后用稀盐酸浸泡，最后依次用自来水、蒸馏水洗净。

● 评一评——项目考核评分表

班级：_____ 组别：_____ 姓名：_____

项目考核 考核内容	指标分解	评价内涵和标准	项目权重 /%	学生自评 20%	学生互评 30%	教师评价 50%
知识内容	水样中营养盐及氧平衡指标知识，常用监测分析方法原理	结合学生自查资料，熟悉水样中营养盐及氧平衡指标的知识，掌握常用的监测分析方法原理、操作及计算方法	20			
项目完成度	常用监测方法的理解	能够掌握相关仪器的操作及使用流程	10			
	实践过程	实践操作的标准化、规范化程度	20			
		知识应用能力，应变能力，能正确地分析和解决问题的能力	10			
	检测结果分析及优化	检测结果分析的表达与展示，能准确进行结果评价，准确回答师生提出的疑问	20			
表现	团队合作	能正确、全面获取信息并进行有效的归纳	5			
		能积极参与分析方案的制订，进行小组讨论，提出自己的建议和意见	5			
		善于沟通，积极与他人合作完成任务，能正确分析和解决问题	5			
		遵守纪律，安全环保意识与总体表现	5			
综合评分						
综合评语						

项目六　水样中重金属指标的分析测定

● **典型工作任务**

重金属元素很多,在水环境监测中所说的重金属系指我国《污水综合排放标准》(GB 8978)规定的第一类污染物中的汞、烷基汞、总镉、总铬、六价铬、总砷、总铅、总镍及第二类污染中的铜、锌、锰等金属。重金属污染物在水体中可以氢氧化物、硫化物、硅酸盐、配位化合物或离子状态存在,其毒性以离子态最为严重;重金属不能被生物降解,有时还可转化为极毒的物质,如无机汞转化为甲基汞;且大多数重金属离子能被富集于生物体内,通过食物链危害人类。因此测定重金属元素是水质监测的重要内容。在本项目中介绍的监测指标为重金属监测重点项目砷、汞、六价铬、铅、铁、铜。

● **任务驱动**

通过本项目应具备的能力目标、知识目标及素质目标如表 2-14。

表 2-14　能力、知识与素质目标

能 力 目 标	知 识 目 标	素 质 目 标
1. 能根据任务要求进行合理分工; 2. 能根据任务要求查找相关的环境标准、规范和环境专业知识; 3. 能依据监测方法的要求选择合适的采样方法和采样器,并能正确采样; 4. 能根据现场采集的样品类型选择合适的保存和运输方法; 5. 能对样品进行分析并能正确处理实验数据; 6. 能熟练使用分析仪器; 7. 能编制科学合理的采样记录表和分析测试原始记录表,并规范填写; 8. 能正确选择评价标准对监测结果进行评价,编制监测报告,并能用流畅、简洁、精准的语言表达; 9. 能把质量控制体系运用在整个监测过程中	1. 掌握监测任务中采样点的布设原则,采样时间、采样频率的设置方法; 2. 掌握水中重金属指标的采样方法、样品的预处理方法及样品的分析方法; 3. 掌握监测数据的处理方法; 4. 掌握采样记录表和分析测试原始记录表的设计和填写要求; 5. 掌握监测过程中的质量控制措施	1. 培养团队合作意识、与人沟通的能力; 2. 学会自我学习,树立追求知识、独立思考、勇于创新的科学态度和踏实、认真、肯干的工作作风; 3. 培养获取信息的能力(图表查阅、专利、手册、网络资源等); 4. 树立安全环保意识; 5. 树立诚信意识、质量意识和规范意识; 6. 学会发现问题、解决问题; 7. 养成敬业爱岗、严格遵守操作规程的职业道德

国家相关标准

《水质　痕量砷的测定　硼氢化钾-硝酸银分光光度法》(GB 11900—89)
《水质　总砷的测定　二乙基二硫代氨基甲酸银分光光度法》(GB 7485—87)
《水质　砷的测定　原子荧光光度法》(SL 327.1—2005)
《水质　总汞的测定　冷原子吸收分光光度法》(HJ 597—2011)
《水质　汞的测定　冷原子荧光法（试行）》(HJ/T 341—2007)
《环境　甲基汞的测定　气相色谱法》(GB/T 17132—1997)
《水质　烷基汞的测定　气相色谱法》(GB/T 14204—93)
《水质　总汞的测定　高锰酸钾-过硫酸钾消解法双硫腙分光光度法》(GB 7469—87)
《水质　汞的测定　原子荧光光度法》(SL 327.2—2005)
《水质　六价铬的测定　二苯碳酰二肼分光光度法》(GB 7467—87)
《水质　铁的测定　邻菲啰啉分光光度法（试行）》(HJ/T 345—2007)
《水质　铁、锰的测定　火焰原子吸收分光光度法》(GB 11911—89)
《水质　铜的测定　2,9-二甲基-1,10-菲啰啉分光光度法》(HJ 486—2009)
《水质　铜的测定　二乙基二硫代氨基甲酸钠分光光度法》(HJ 485—2009)
《水质　铅的测定　示波极谱法》(GB/T 13896—92)
《水质　铜、锌、铅、镉的测定　原子吸收分光光度法》(GB 7475—87)
《水质　铅的测定　双硫腙分光光度法》(GB 7470—87)
《生活饮用水标准检验方法　金属指标》(GB/T 5750.6—2006)
《水质　汞、砷、硒、铋和锑的测定　原子荧光法》(HJ 694—2014)

知识链接——读一读

一、砷的测定 (GB 11900—89, GB 7485—87, SL 327.1—2005)

砷是人体非必需元素。元素砷的毒性很小，而砷化合物均有剧毒，三价砷化合物比其他砷化合物毒性更强。口服三氧化二砷（俗称砒霜）5～10mg可造成急性中毒，致死量60～200mg。地面水中含砷量因水源和地理条件不同而有很大差异。天然水中通常含有一定量的砷，淡水中砷为0.2～230μg/L，海水中为6～30μg/L，我国一些主要河道干流中砷含量为0.01～0.6mg/L，长江水中含砷一般小于6μg/L，松花江水系含砷量为0.3～1.17μg/L。砷的主要污染源为采矿、冶金、化工、化学制药、纺织、玻璃、制革等部门的工业废水。

测定水中砷的国家标准方法为硼氢化钾-硝酸银分光光度法、二乙基二硫代氨基甲酸银分光光度法、原子荧光光度法。

二、汞的测定（HJ 597—2011，HJ/T 341—2007，GB/T 17132—1997，GB/T 14204—93，GB 7469—87，HJ 694—2014）

汞及其化合物属于剧毒物质，特别是有机汞化合物，由食物链进入人体，通过生物富集，作用于人体。如发生在日本的水俣病。天然水含汞极少，一般不超过 0.1mg/L。我国生活饮用水标准限值 0.001mg/L，工业污水中汞的最高允许排放浓度为 0.05mg/L。氯碱工业、仪表制造、油漆、电池生产、军工等行业排放的废液、废渣都是水和土壤汞污染的来源。

测定水中汞的国家标准方法为冷原子吸收分光光度法、冷原子荧光法、原子荧光光度法、气相色谱法、高锰酸钾-过硫酸钾消解法双硫腙分光光度法。

三、六价铬的测定（GB 7467—87）

铬是生物体必需的微量元素之一。铬的毒性与其价态关系密切。水中铬主要有三价和六价两种价态。三价铬能参与人体正常的糖代谢过程，六价铬却比三价铬的毒性高 100 倍左右，且易被人体吸收而在体内蓄积，高浓度的铬会引起头痛、恶心、呕吐、腹泻、血便等症状，还有致癌作用。当水中三价铬浓度为 1mg/L 时，水的浊度明显增加。当水中六价铬浓度为 1mg/L 时，水呈淡黄色且有涩味。水中的三价铬和六价铬在一定条件下可以相互转化。天然水不含铬，海水中铬的平均浓度为 $0.05\mu g/L$，饮用水中更低。铬的污染源主要是含铬矿石的加工、皮革鞣制、电镀、印染等行业部门排放的废水。

测定水中铬的国家标准方法为二苯碳酰二肼分光光度法。

四、铁的测定（HJ/T 345—2007，GB 11911—89）

地壳中含铁量（Fe）约为 5.6%，分布很广，但天然水体中含量并不高。水样中铁的存在形态是多种多样的，可以在溶液中以简单的水合离子和复杂的无机、有机络合物形式存在。也可以存在于胶体、悬浮物的颗粒物中，可能是二价，也可能是三价的。而且水样暴露于空气中，二价铁易被迅速氧化为三价，样品 pH>3.5 时，易导致高价铁的水解沉淀。样品在保存和运输过程中，水中细菌的增殖也会改变铁的存在形态，样品的不稳定性和不均匀性对分析结果影响颇大，因此必须仔细进行样品的预处理。铁及其化合物均为低毒性和微毒性，含铁量高的水往往带黄色，有铁腥味，对水的外观有影响。我国有的城市饮用水用铁盐净化，若不能沉淀完全，影响水的色度和味感，如作为印染、纺织、造纸等工业用水时,则会在产品上形成黄斑,影响质量,因此这些工业用水的含量必须在 0.1mg/L 以下。水中铁的污染源主要是选矿、冶炼、炼铁、机械加工、工业电镀、酸洗废水等。

测定水中铁的国家标准方法为邻菲啰啉分光光度法、火焰原子吸收分光光度法。

五、铜的测定（HJ 485—2009，HJ 486—2009，GB 7475—87，GB 7475—87）

铜是人体所必需的微量元素,缺铜会发生贫血、腹泻等病症。成人每日的需要量估计为 20mg,但摄入过量亦会对人体有害。饮用水中铜的含量在很大程度上取决于水管和水龙头的种类,其含量可高至 1mg/L,这说明通过饮水摄入的铜量可能是很可观的。铜对生物的毒性很大,毒性的大小与其形态有关。通常,淡水中铜的浓度约为 $3\mu g/L$,海水中铜的浓度约为 $0.25\mu g/L$。铜的主要污染源是电镀、冶炼、五金、石油化工和化学工业部门排放的废水。

测定环境水体中铜的国家标准方法为 2,9-二甲基-1,10-菲啰啉分光光度法、二乙基二硫代氨基甲酸钠分光光度法和原子吸收分光光度法。

六、铅的测定（GB/T 13896—92，GB 7475—87，GB 7470—87，GB/T 5750.6—2006）

铅是一种有毒的金属,可在人体和动植物组织中蓄积。主要的毒性效应表现为贫血、神经机能失调和肾损伤。用含铅 0.1~4.4mg/L 的水灌溉水稻和小麦时,作物中含铅量明显增加。世界范围内,淡水中含铅 $0.06 \sim 120\mu g/L$,中值 $3\mu g/L$；海水含铅 $0.03 \sim 13\mu g/L$,中值 $0.03\mu g/L$。铅的主要污染源是蓄电池、冶炼、五金、机械、涂料和电镀工业等部门的排放废水。

测定环境水体中铅的国家标准方法为示波极谱法、原子吸收分光光度法、双硫腙分光光度法。

● **议一议**

1. 用原子吸收分光光度法测定金属化合物的原理是什么？
2. 测定六价铬通常采用什么方法？怎样实现总铬的测定？
3. 冷原子吸收法与冷原子荧光法测汞的区别在哪儿？
4. 用分光光度法测定金属化合物的原理是什么？
5. 用示波极谱法测定金属化合物的原理是什么？

● 技能训练——做一做

任务一　砷的测定——原子荧光法

（一）实验目的

1. 了解原子荧光法测定砷的实验原理。
2. 学会砷水样的预处理方法。
3. 学会原子荧光法测定水中的砷。

（二）样品保存

采样后水样加硝酸（优级纯）酸化至1%进行保存，可保持稳定数月。

（三）方法选择

测定砷的两个比色法，其原理相同，具有类似的选择性。但新银盐分光光度法测定快速、灵敏度高，适合于水和废水中砷的测定，特别对天然水样，是一值得选用的方法。而二乙氨基二硫代甲酸银光度法是一经典方法，适合分析水和废水，但使用三氯甲烷，会污染环境。

氢化物发生原子吸收法是将水和废水中的砷以氢化物形式吹出，通过加热产生砷原子，从而进行定量。原子荧光法是近几年发展起来的新方法，其灵敏度高、干扰少，简便快速，同时还可测定 Hg、Se、Sb、Bi、Ge、Te 等，是目前测砷最好的方法之一。

本实验采用原子荧光法。

（四）测定方法

1. 方法原理

样品经预处理，其中各种形态的砷均转变成三价砷（As^{3+}），加入硼氢化钾（或硼氢化钠）与其反应，生成气态氢化砷，用氩气将气态氢化砷载入原子化器进行原子化，以砷高强度空心阴极灯作激发光源，砷原子受光辐射激发产生荧光，检测原子荧光强度，利用荧光强度在一定范围内与溶液中砷含量成正比的关系计算样品中的砷含量。

2. 适用范围

本方法是将氢化物发生技术与原子荧光光谱分析技术相结合测定水中砷，从而实现水样检测的新技术。原子荧光光度法与二乙基二硫代氨基甲酸银分光光度法、硼氢化钾-硝酸银分光光度法相比，具有操作简便、用样量少、灵敏度和准确度高、测量重现性好、自动化程度高、适合大批量分析等特点。本方法适用于地表水、地下水、大气降水、污水及其再生利用水中砷的测定。方法检出限 0.2μg/L，在 1~200μg/L 范围内，线性良好。大于 200μg/L 的样品，可稀释后测定。

3. 干扰

本方法采用氢化物发生法，使得待测元素与基体分离，干扰很少，共存离子和化合物不干扰测定。当砷含量为 11.42μg/L 时，若共存离子分别为 1000μg/L 三价铁、1010μg/L 二价锰、1000μg/L 二价镍、13090μg/L 二价锌、10000μg/L 六价铬、200μg/L 二价汞、20μg/L 二价铅，对测定无干扰。

4. 仪器

① 原子荧光光度计。
② 砷高强度空心阴极灯。
③ 2kW 电热板。
④ 常用玻璃量器。

5. 试剂

① 本标准所用水均指去离子水或同等纯度的水。
② 硝酸（HNO_3）　$\rho=1.42g/mL$，优级纯。
③ 盐酸（HCl）　$\rho=1.18g/mL$，优级纯。
④ 高氯酸（$HClO_4$）　$\rho=1.67g/mL$，优级纯。
⑤ 硫酸（H_2SO_4）　$\rho=1.84g/mL$，优级纯。
⑥ 氢氧化钾（KOH）　优级纯。
⑦ 50%（体积分数）盐酸溶液　量取 50mL 盐酸（优级纯），缓慢加入 50mL 水中，摇匀。
⑧ 5%（体积分数）盐酸溶液　量取 50mL 盐酸（优级纯），缓慢加入 950mL 水中，摇匀。
⑨ 硫脲（50g/L）-抗坏血酸（50g/L）混合溶液　称取 10g 硫脲和 10g 抗坏血酸溶于 200mL 水中，用时现配。
⑩ 20g/L 硼氢化钾（或硼氢化钠）溶液　称取 10g 硼氢化钾（或硼氢化钠），溶于 500mL 0.5% 氢氧化钾（优级纯）溶液中，摇匀。
⑪ 砷标准贮备液（1000mg/L）　购置或自配。准确称取 1.3200g（准确至 0.1mg）预先在硅胶干燥器内干燥至恒重的三氧化二砷，溶解于 25mL 20% 氢氧化钾溶液，用 20% 硫酸（优级纯）稀释至 1000mL，摇匀，此溶液砷的浓度为 1000mg/L。
⑫ 砷标准中间液（10.0mg/L）　准确移取浓度为 1000mg/L 的砷标准贮备液 10.0mL，转入 1000mL 容量瓶中，用水定容，摇匀。此溶液砷的浓度为

10.0mg/L。

⑬ 砷标准使用溶液（1.00mg/L） 准确移取浓度为 10.0mg/L 的砷标准中间溶液 10.0mL，转入 100mL 容量瓶中，定容，摇匀。此溶液砷的浓度为 1.00mg/L。

⑭ 氩气 纯度大于 99.99％以上。

6. 分析步骤

（1）水样保存

采样后水样加硝酸（优级纯）酸化至 1％进行保存，可保持稳定数月。

（2）水样的预处理

① 清洁透明的水样 准确移取适量水样（视浓度而定，准确至 0.1mL）置于 50mL 容量瓶中，依次加 50％盐酸溶液 10.0mL、硫脲-抗坏血酸混合溶液 5.0mL，定容并摇匀，至少放置 15min，待测。如室温低于 15℃，放置 30min 待测。同时制备并测定样品空白。

② 较浑浊或基体干扰较严重的水样 准确量取适量水样（准确至 0.1mL）置于 150mL 锥形瓶中，加硝酸（优级纯）3.0～10.0mL，摇匀后置于电热板上加热消解至近干并澄清，若消解液处理至 10.0mL 左右时仍有未分解物质或颜色变深，待稍冷，补加硝酸（优级纯）5.0～10.0mL，再消解至 10.0mL 左右观察，如此反复两三次，注意避免炭化变黑。如仍有未分解物质则加入高氯酸（优级纯）1.0～2.0mL，加热至消解完全后，再继续蒸发至高氯酸的白烟散尽（不能蒸干），冷却，转入 50mL 容量瓶中，依次加 50％盐酸溶液 10.0mL、硫脲-抗坏血酸混合溶液 5.0mL，定容并摇匀，至少放置 15min，待测，如室温低于 15℃放置 30min 待测。同时制备并测定样品空白。

（3）样品的测定

① 设置仪器工作参数（依仪器型号不同，测量参数会有所变动，以下可作为参考）。

激发光波长：193.7nm

光电倍增管负高压：250～310V

空心阴极灯电流：40～90mA

原子化器高度：8～10mm

原子化器温度：点火，200℃以上

载气流量：300～900mL/min

屏蔽气流量：600～1200mL/min

测量方式：标准曲线法

读数方式：峰高或峰面积

读数时间：10～16s

延迟时间：0～2s

② 标准工作曲线的配制　分别准确移取 1.00mg/L 的砷标准使用液 0.0mL、0.5mL、1.0mL、2.0mL、3.0mL、4.0mL、5.0mL 置于 50mL 容量瓶中，各加入 10.0mL50％盐酸和 5.0mL 硫脲-抗坏血酸混合溶液，用水定容至 50mL，此标准系列的浓度分别为：0.0μg/L、10.0μg/L、20.0μg/L、40.0μg/L、60.0μg/L、80.0μg/L、100.0μg/L，放置 15min 后测定。

③ 测定样品　按照仪器操作规程，预热 30min，接通气源、调整好出口压力，使用 5％盐酸溶液作为载流，按照仪器工作参数调整好仪器，测定砷标准工作曲线。测定的标准工作曲线相关系数应大于 0.9990，否则应查明原因重新测定标准曲线或用比例法处理数据。

按前述测定程序，先测定样品空白，再按程序依次测定各样品浓度。

（五）结果计算

仪器随机软件有自动计算的功能，工作曲线为线性拟合曲线，测定待测样品荧光强度值后减去样品空白荧光强度，代入拟合曲线的一次方程，即得出待测样品浓度。若人工计算，可采用下式。

$$\rho_{As} = c \frac{V}{V_0}$$

式中　ρ_{As}——待测样品浓度，μg/L；

　　　c——根据待测样品的荧光强度减去样品空白荧光强度后，从工作曲线上查得相应的样品浓度，mg/L；

　　　V——待测样品经处理、稀释定容后的最终体积，mL；

　　　V_0——所取待测样品的体积，mL。

（六）注意事项

1. 锥形瓶、容量瓶等玻璃器皿均应及时使用稀硝酸盐洗后冲净使用，防止污染。

2. 硼氢化钾和硼氢化钠是强还原剂，使用时注意勿接触皮肤和溅入眼睛。

3. 仪器延迟时间和读数时间根据实验时的具体峰形确定。参考条件会因仪器型号、管路连接长短及粗细的不同而有差异，适当调整使仪器能读出完整的峰高或峰形即可。

任务二　汞的测定——原子荧光法

（一）实验目的

1. 了解原子荧光法测定汞的实验原理。

2. 学会汞水样的预处理方法。

3. 学会原子荧光法测定水中的汞。

（二）水样保存

水样采集后应尽快进行分析，如不能及时分析，应加硝酸酸化水样至1％进行保存。

（三）方法选择

汞的测定方法有很多种，主要有原子吸收法、原子荧光法。原子荧光法是测定水中微量、痕量汞的特效方法，干扰因素少，灵敏度高。双硫腙分光光度法是测定多种金属离子的通用方法，如能掩蔽干扰离子和严格掌握反应条件，也能得到满意结果，但手续繁杂，为了防止废水测定稀释引入的误差可采用这种方法。

本实验采用原子荧光法。

（四）测定方法

1. 方法原理

样品经预处理，其中各种形态的汞转化成二价汞（Hg^{2+}），加入硼氢化钾（或硼氢化钠）与其反应，生成原子态汞，用氩气将原子态汞导入原子化器，以汞高强度空心阴极灯为激发光源，汞原子受光辐射激发产生荧光，检测原子荧光强度，利用荧光强度在一定范围内与汞含量成正比的关系计算样品中汞的含量。

2. 适用范围

本方法是将氢化物发生技术与原子荧光光谱分析技术相结合测定水中汞，从而实现水样检测的新技术。原子荧光光度法具有操作简便、用样量少、灵敏度高、测量重现性好、自动化程度高、适合大批量分析等特点。本标准适用于地表水、地下水、大气降水、污水及其再生利用水中汞的测定，方法检出限为 $0.01\mu g/L$，在 $0.05\sim30\mu g/L$ 测定范围内，线性良好。大于 $30\mu g/L$ 的样品，可稀释后测定。

3. 干扰

本方法采用氢化物发生法，使得待测元素与基体分离，干扰很少，常见共存离子和化合物不干扰测定。

4. 仪器

① 原子荧光光度计。

② 汞高强度空心阴极灯。

③ 恒温水浴锅。

④ 常用玻璃量器。

5. 试剂

① 本方法所用水均指去离子水或同等纯度的水。

② 硫酸（H_2SO_4）　$\rho=1.84g/mL$，优级纯。

③ 硝酸（HNO_3）　$\rho=1.42g/mL$，优级纯。

④ 盐酸（HCl）　$\rho=1.18g/mL$，优级纯。

⑤ 氢氧化钾（KOH）　优级纯。

⑥ 重铬酸钾溶液　50g/L。

⑦ 过硫酸钾溶液　20g/L。

⑧ 溴酸钾（0.1mol/L）-溴化钾（10g/L）混合溶液　称取2.8g溴酸钾（优级纯），溶解后，加入10g溴化钾（优级纯），用水稀释至1000mL，置于棕色试剂瓶中保存，如有溴析出，应重新配制。

⑨ 5g/L盐酸羟胺溶液　此溶液如含有少量汞，必须对溶液先进行提纯，然后使用。

⑩ 5%盐酸溶液（体积分数）　量取50mL盐酸（优级纯），加入950mL水中，摇匀。

⑪ 20g/L硼氢化钾（或硼氢化钠）溶液　称取10g硼氢化钾（或硼氢化钠），溶于500mL 0.5%氢氧化钾溶液（优级纯）中，摇匀。

⑫ 汞标准固定液　称取约0.5g重铬酸钾（优级纯）溶于适量水中，再加入50mL硝酸（优级纯），稀释至1000mL，摇匀。

⑬ 汞标准贮备液（1000mg/L）　购置或自配。准确称取放置在硅胶干燥器中充分干燥过的1.3540g（准确至0.1mg）氯化汞，用汞标准固定液溶解后，转移至1000mL容量瓶中，再用汞标准固定液准确稀释至标线，摇匀。

⑭ 汞标准中间液（1.0mg/L）　准确移取浓度为1000mg/L的汞标准贮备液1.0mL，转入1000mL容量瓶中，加入约0.5g重铬酸钾（优级纯），用汞标准固定液稀释至刻度。

⑮ 汞标准使用液（0.010mg/L）　准确移取浓度为1.0mg/L的汞标准中间液1.0mL，转入100mL容量瓶中，用汞标准固定液稀释至刻度，摇匀。

⑯ 氩气　纯度大于99.99%。

6. 分析步骤

（1）水样的预处理

① 重铬酸钾-过硫酸钾消解法　此法适用于地表水、地下水和污水。

取摇匀的1.0～5.0mL污水（或10mL较清洁净地表水、地下水）置25mL比色管中，稀释至10.0mL，加入0.3mL硫酸（优级纯）、0.3mL硝酸（优级纯），混匀。再加入1.0mL重铬酸钾溶液，应保持至少15min不褪色，否则应予适量补加。然后加入1.0mL过硫酸钾溶液，在水浴锅中闭塞保持近沸1h，取下冷却。使用前，逐滴加入盐酸羟胺溶液，直至溶液褪色，再稀释至刻度。

② 溴酸钾-溴化钾消解法　此法适用于较清洁地表水、地下水和有机污染物较少的污水。

取 5.0～10.0mL 水样置于 25mL 比色管中，加入 1.0mL 硫酸（优级纯），1.0mL 溴化剂，闭塞，摇匀，20℃以上温度下至少放置 5min 以上。样品中如没有橙黄色溴析出，应适当补加溴化剂（溴酸钾-溴化钾混合溶液），但最多不得超过 3.0mL，否则应使用重铬酸钾-过硫酸钾消解法进行处理。使用前，滴加盐酸羟胺溶液还原过剩的溴，用水稀释至刻度。

(2) 样品的测定

① 设置仪器参数（依仪器型号不同，测量参数会有所变动，以下可作为参考）

激发光波长：253.7nm

光电倍增管负高压：240～340V

灯电流：15～55mA

原子化器温度：点火，200℃以上

原子化器高度：8～12mm

载气流量：300～900mL/min

屏蔽气流量：500～1200mL/min

测量方式：标准曲线法

读数方式：峰高或峰面积

读数时间：10～16s

延迟时间：0～2s

② 标准曲线的配制　分别准确吸取 0.010mg/L 汞标准使用液 0.0mL、1.0mL、2.0mL、4.0mL、6.0mL、8.0mL、10.0mL 加入 100mL 容量瓶中，用 5%盐酸溶液稀释至刻度。此标准系列的浓度分别为 0.0μg/L、0.10μg/L、0.20μg/L、0.40μg/L、0.80μg/L、1.00μg/L，放置 15min 后测定。

③ 测定样品　按照仪器操作规程，预热 30min，接通气源、调整好出口压力，使用 5%盐酸溶液作为载流，按照仪器工作参数调整好仪器，测定汞标准工作曲线。测定的标准工作曲线相关系数应大于 0.9990，否则应查明原因重新测定标准曲线或用比例法处理数据。

按前述测定程序，先测定样品空白，再按程序依次测定各样品浓度。

(五) 结果计算

仪器随机软件有自动计算的功能，工作曲线为线性拟合曲线，测定待测样品荧光强度值后减去样品空白荧光强度，代入拟合曲线的一次方程，即得出待测样品浓度。若人工计算，可采用下式：

$$\rho_{Hg} = c \frac{V}{V_0}$$

式中 ρ_{Hg}——待测样品浓度，$\mu g/L$；

　　　　c——根据待测样品的荧光强度减去样品空白荧光强度后，从工作曲线上查得相应的样品浓度，mg/L；

　　　　V——待测样品经处理、稀释定容后的最终体积，mL；

　　　　V_0——所取待测样品的体积，mL。

（六）注意事项

1. 锥形瓶、容量瓶等玻璃器皿均应及时使用稀硝酸盥洗后冲净使用，防止污染。
2. 硼氢化钾和硼氢化钠是强还原剂，使用时注意勿接触皮肤和溅入眼睛。
3. 仪器延迟时间和读数时间根据实验时的具体峰形确定，参考条件会因仪器型号、管路连接长短及粗细的不同而有差异，适当调整使仪器能读出完整的峰高或峰形即可。

任务三　六价铬的测定——二苯碳酰二肼分光光度法

（一）实验目的

1. 学会六价铬的水样采集保存、预处理及测定方法。
2. 学会各种标准溶液的配制方法和标定方法。

（二）水样保存

水样应用瓶壁光洁的玻璃瓶采集。如测总铬水样采集后，加入硝酸调节 pH<2；如测六价铬，水样采集后，加 NaOH 使 pH 为 8~9；均应尽快测定，如放置不得超过 24h。

（三）干扰及清除

含铁量大于 1mg/L 水样显黄色，六价钼和汞也和显色剂反应生成有色化合物，但在本方法的显色酸度下反应不灵敏。钼和汞达 200mg/L 不干扰测定。钒有干扰，其含量高于 4mg/L 即干扰测定。但钒与显色剂反应后 10min，可自行褪色。

氧化性及还原性物质，如：ClO^-、Fe^{2+}、SO_3^{2-}、$S_2O_3^{2-}$ 等，以及水样有色或混浊时，对测定均有干扰，须进行预处理。

(四) 方法的选择

铬的测定可采用二苯碳酰二肼分光光度法、原子吸收分光光度法和滴定法。清洁的水样可直接用二苯碳酰二肼分光光度法测六价铬。如测总铬,用高锰酸钾将三价铬氧化成六价铬,再用二苯碳酰二肼分光光度法测定。

本实验采用二苯碳酰二肼分光光度法。

(五) 测定方法

1. 实验原理

在酸性溶液中,六价铬离子与二苯碳酰二肼反应,生成紫红色络合物,其最大吸收波长为540nm,吸光度与浓度的关系符合比尔定律。反应式如下:

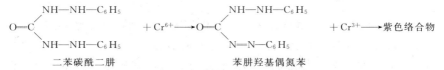

如果测定总铬,需先用高锰酸钾将水样中的三价铬氧化为六价,再用本法测定。

2. 仪器和试剂

(1) 仪器

容量瓶、可见分光光度计、实验室常用仪器。

(2) 试剂

① 丙酮。

② (1+1) 磷酸溶液 将磷酸(H_3PO_4,优级纯,$\rho = 1.69 g/mL$)与水等体积混合。

③ 4g/L 氢氧化钠溶液。

④ 氢氧化锌共沉淀剂 用时将 100mL 80g/L 硫酸锌($ZnSO_4 \cdot 7H_2O$)溶液和 120mL 20g/L 氢氧化钠溶液混合。

⑤ 40g/L 高锰酸钾溶液 称取高锰酸钾($KMnO_4$)4g,在加热和搅拌下溶于水,最后稀释至100mL。

⑥ 铬标准贮备液 称取于110℃干燥2h的重铬酸钾(K_2CrO_7,优级纯)(0.2829±0.0001)g,用水溶解后,移入1000mL容量瓶中,用水稀释至标线,摇匀。此溶液1mL含0.10mg六价铬。

⑦ 铬标准溶液A 吸取5.00mL铬标准贮备液置于500mL容量瓶中,用水稀释至标线,摇匀。此溶液1mL含1.00μg六价铬。使用当天配制。

⑧ 铬标准溶液B 吸取25.00mL铬标准贮备液置于500mL容量瓶中,用水稀释至标线,摇匀。此溶液1mL含5.00μg六价铬。使用当天配制。

⑨ 200g/L 尿素溶液　将[$(NH_2)_2CO$]20g 溶于水并稀释至 100mL。
⑩ 20g/L 亚硝酸钠溶液　将亚硝酸钠($NaNO_2$)2g 溶于水并稀释至 100mL。
⑪ 显色剂 A　称取二苯碳酰二肼($C_{13}N_{14}H_4O$)0.2g，溶于 50mL 丙酮中，加水稀释到 100mL，摇匀，贮于棕色瓶，置冰箱中(色变深后不能使用)。
⑫ 显色剂 B　称取二苯碳酰二肼 1g，溶于 50mL 丙酮中，加水稀释到 100mL，摇匀，贮于棕色瓶，置冰箱中(色变深后不能使用)。

3. 操作步骤

(1) 采样

按采样方法采取具有代表性水样，实验室样品应该用玻璃容器采集。采集时，加入氢氧化钠，调节 pH 值约为 8。并在采集后尽快测定，如放置，不要超过 24h。

(2) 样品的预处理

① 样品中应不含悬浮物，低色度的清洁地表水可直接测定，不需预处理。

② 色度校正。当样品有色但不太深时，另取一份水样，以 2mL 丙酮代替显色剂，其他步骤同步骤(4)。水样测得的吸光度扣除此色度校正吸光度后，再行计算。

③ 对浑浊、色度较深的样品可用锌盐沉淀分离法进行前处理。取适量水样(含六价铬少于 100μg)于 150mL 烧杯中，加水至 50mL。滴加氢氧化钠溶液，调节溶液 pH 值为 7~8。在不断搅拌下，滴加氢氧化锌共沉淀剂至溶液 pH 值为 8~9。将此溶液转移至 100mL 容量瓶中，用水稀释至标线。用慢速滤纸过滤，弃去 10~20mL 初滤液，取其中 50.0mL 滤液供测定。

④ 二价铁、亚硫酸盐、硫代硫酸盐等还原性物质的消除。取适量水样(含六价铬少于 50μg)于 50mL 比色管中，用水稀释至标线，加入 4mL 显色剂 B 混匀，放置 5min 后，加入 1mL 硫酸溶液摇匀。5~10min 后，在 540nm 波长处，用 10mm 或 30mm 光程的比色皿，以水做参比，测定吸光度。扣除空白试验测得的吸光度后，从校准曲线查得六价铬含量。用同法做校准曲线。

⑤ 次氯酸盐等氧化性物质的消除。取适量水样(含六价铬少于 50μg)于 50mL 比色管中，用水稀释至标线，加入 0.5mL 硫酸溶液、0.5mL 磷酸溶液、1.0mL 尿素溶液，摇匀，逐滴加入 1mL 亚硝酸钠溶液，边加边摇，以除去由过量的亚硝酸钠与尿素反应生成的气泡，待气泡除尽后，按步骤(4)(免去加硫酸溶液和磷酸溶液)的方法进行操作。

(3) 空白试验

按与水样完全相同的处理步骤进行空白试验，仅用 50mL 蒸馏水代替水样。

(4) 水样测定

取适量（含六价铬少于 50μg）无色透明水样，置于 50mL 比色管中，用水稀释至标线。加入 0.5mL 硫酸溶液和 0.5mL 磷酸溶液，摇匀。加入 2mL 显色剂 A，摇匀放置 5~10min 后，在 540nm 波长处，用 10mm 或 30mm 的比色皿，以水做参比，测定吸光度，扣除空白试验测得的吸光度后，从校准曲线上查得六价铬含量（如经锌盐沉淀分离、高锰酸钾氧化法处理的样品，可直接加入显色剂测定）。

（5）校准曲线制作

向一系列 50mL 比色管中分别加入 0、0.20mL、0.50mL、1.00mL、2.00mL、4.00mL、6.00mL、8.00mL 和 10.00mL 铬标准溶液 A 或铬标准溶液 B（如经锌盐沉淀分离法前处理，则应加倍吸取），用水稀释至标线。然后按照测定水样的步骤（4）进行处理。

以测得的吸光度减去空白试验的吸光度后所得的数据，绘制以六价铬的量对吸光度的校准曲线。

（六）数据处理

按下式计算水样中六价铬含量 $\rho_{Cr^{6+}}$（mg/L）：

$$\rho_{Cr^{6+}} = \frac{m}{V}$$

式中　　m——由校准曲线查得的水样含六价铬质量，μg；

V——水样的体积，mL。

六价铬含量以三位有效数字表示。

（七）注意事项

1. 氧化性、还原性物质均有干扰，水样浑浊时亦不便测定。
2. 所有玻璃仪器容器不能用铬酸洗液洗涤。
3. 有机物有干扰，可加高锰酸钾氧化后再测定。

任务四　铁的测定——邻菲啰啉分光光度法

（一）实验目的

1. 学会邻菲啰啉分光光度法测定水中铁的原理。
2. 学会邻菲啰啉分光光度法测定水中铁的方法。

（二）水样的保存

测总铁，在采样后立刻用盐酸酸化至 pH<2 保存；测过滤性铁，应在采样

现场经 0.45μm 的滤膜过滤，滤液用盐酸酸化至 pH<2；测亚铁的样品，最好在现场显色测定，或用邻菲啰啉分光光度法操作步骤处理。

（三）方法选择

原子吸收法和等离子发射光谱法操作简单、快速，结果的精密度、准确度好，适用于环境水样和废水样的分析。邻菲啰啉分光光度法灵敏、可靠，适用于清洁环境水样和轻度污染水的分析。污染严重、含铁量高的废水，可用 EDTA 络合滴定法以避免高倍数稀释操作引起的误差。

本实验采用邻菲啰啉光度法。

（四）测定方法

1. 方法原理

亚铁离子在 pH 3～9 之间的溶液中与邻菲啰啉生成稳定的橙红色络合物，其反应式为：

$$Fe^{2+} + 3 \text{邻菲啰啉} \longrightarrow [Fe(\text{邻菲啰啉})_3]^{2+}$$

此络合物在避光时可稳定半年。测量波长为 510nm，其摩尔吸光系数为 $1.1 \times 10^4 L \cdot mol^{-1} \cdot cm^{-1}$。若用还原剂（如盐酸羟胺）将高铁离子还原，则本法可测高铁离子及总铁含量。

2. 干扰及消除

强氧化剂、氰化物、亚硝酸盐、焦磷酸盐、偏聚磷酸盐及某些重金属离子会干扰测定，经过加酸煮沸可将氰化物及亚硝酸盐除去，并使焦磷酸、偏聚磷酸盐转化为正磷酸盐以减轻干扰。加入盐酸羟胺则可消除强氧化剂的影响。

邻菲啰啉能与某些金属离子形成有色络合物而干扰测定。但在乙酸-乙酸铵的缓冲溶液中，不大于铁浓度 10 倍的铜、锌、钴、铬及小于 2mg/L 的镍，不干扰测定，当浓度再高时，可加入过量显色剂予以消除。汞、镉、银等能与邻菲啰啉形成沉淀，若浓度低时，可加过量邻菲啰啉来消除，浓度高时，可将沉淀过滤除去。水样有底色，可用不加邻菲啰啉的试液作参比，对水样的底色进行校正。

3. 方法的适用范围

此法适用于一般环境水和废水中铁的测定，最低检出浓度为 0.03mg/L，测定上限为 5.00mg/L。对铁离子大于 5.00mg/L 的水样，可适当稀释后再按本方法进行测定。

4. 仪器

分光光度计，10mm比色皿。

5. 试剂

① 铁标准贮备液　准确称取 0.7020g 硫酸亚铁铵 $[(NH_4)_2Fe(SO_4)_2 \cdot 6H_2O]$，溶于（1+1）硫酸 50mL 中，转移至 1000mL 容量瓶中，加水至标线，摇匀。此溶液每毫升含 100μg 铁。

② 铁标准使用液　准确移取标准贮备液 25.00mL 于 100mL 容量瓶中，加水至标线，摇匀，此溶液每毫升含 25.0μg 铁。

③ （1+3）盐酸。

④ 10%盐酸羟胺溶液。

⑤ 缓冲溶液　40g 乙酸铵加 50mL 冰乙酸用水稀释至 100mL。

⑥ 0.5%邻菲啰啉（1,10-phenanthroline）水溶液，加数滴盐酸帮助溶解。

6. 步骤

(1) 校准曲线的绘制

依次移取铁标准使用液 0、2.00mL、4.00mL、6.00mL、8.00mL、10.00mL 置 150mL 锥形瓶中，加入蒸馏水至 50.0mL，再加（1+3）盐酸 1mL，10%盐酸羟胺 1mL，玻璃珠 1~2 粒。加热煮沸至溶液剩 15mL 左右，冷却至室温，定量转移至 50mL 具塞比色管中。加一小片刚果红试纸，饱和乙酸钠溶液至试纸刚刚变红，加入 5mL 缓冲溶液、0.5%邻菲啰啉溶液 2mL，加水至标线，摇匀。显色 15min 后，用 10mm 比色皿，以水为参比，在 510nm 处测量吸光度，用经空白校正的吸光度对铁的质量（μg）作图。

(2) 总铁的测定

采样后立即将样品用盐酸酸化至 pH<1，分析时取 50.0mL 混匀水样于 150mL 锥形瓶中，加（1+3）盐酸 1mL，盐酸羟胺溶液 1mL，加热煮沸至体积减少到 15mL 左右，以保证全部铁的溶解和还原。若仍有沉淀应过滤除去。以下按绘制校准曲线同样操作，测量吸光度并做空白校正。

(3) 亚铁的测定

采样时将 2mL 盐酸放在一个 100mL 具塞的水样瓶内，直接将水样注满样品瓶，塞好瓶塞以防氧化，一直保存到进行显色和测量（最好现场测定或现场显色）。分析时只需取适量水样，直接加入缓冲溶液与邻菲啰啉溶液，显色 5~10min，在 510nm 处以水为参比测量吸光度，并做空白校正。

(4) 可过滤铁的测定

在采样现场，用 0.45μm 滤膜过滤水样，并立即用盐酸酸化过滤水至 pH<1，准确吸取样品 50mL 置于 150mL 锥形瓶中，以下操作与步骤(1)相同。

（五）结果计算

按下式计算水样中铁含量 ρ_{Fe} (mg/L)：

$$\rho_{Fe} = \frac{m}{V}$$

式中 m——由校准曲线查得的铁量，μg；
　　　V——水样体积，mL。

（六）注意事项

1. 各批试剂的铁含量如不同，每新配一次试液，都需重新绘制校准曲线。
2. 含 CN^- 或 S^{2-} 的水样酸化时，必须小心进行，因为会产生有毒气体。
3. 若水样含铁量较高，可适当稀释；浓度低时可换用 30mm 或 50mm 的比色皿。

任务五　铜的测定——直接吸入火焰原子吸收法

（一）实验目的

1. 学会直接吸入火焰原子吸收法测定水中铜的原理。
2. 学会直接吸入火焰原子吸收法测定水中铜的方法。

（二）水样的保存

用聚乙烯塑料瓶采集样品。采样瓶先用洗涤剂洗净，再在（1+1）硝酸溶液中浸泡，使用前用水冲洗干净。分析金属总量的样品，采集后立即加硝酸（优级纯）酸化至pH为1~2，正常情况下，每1000mL样品加2mL硝酸（优级纯）。

（三）方法选择

直接吸入火焰原子吸收法快速、干扰少，适用分析废水和受污染的水。分析清洁水可选用萃取或离子交换浓缩火焰原子吸收分光光度法，也可选用石墨炉原子吸收分光光度法。但后一种方法基体干扰比较复杂，要注意干扰的检验和校正。没有原子吸收分光光度计的单位可选二乙氨基二硫代甲酸钠萃取分光光度法、新亚铜灵萃取分光光度法、阳极溶出伏安法和示波极谱法。等离子发射光谱法是简便、快速、干扰少、准确度高的新方法，但仪器比较昂贵。

本实验采用直接吸入火焰原子吸收法。

（四）测定方法

1. 定义

溶解的金属：未酸化的样品中能通过 $0.45\mu m$ 滤膜的金属成分。

金属的总量：未经过滤的样品强烈消解后测得的金属浓度，或样品中溶解和悬浮的两部分金属浓度的总量。

2. 原理

将样品或消解处理过的样品直接吸入火焰，在火焰中形成的原子对特征电磁辐射产生吸收，将测得的样品吸光度和标准溶液的吸光度进行比较，确定样品中被测元素的浓度。

3. 试样的制备

分析溶解的金属时，样品采集后立即通过 $0.45\mu m$ 滤膜过滤，得到的滤液再按水样保存的要求酸化。

4. 适用范围及干扰

① 适用范围 测定浓度范围与仪器的特性有关，一般仪器的测定铜范围为 $0.05\sim 5mg/L$。

② 干扰 地下水和地面水中的共存离子和化合物在常见浓度下不干扰测定。

5. 试剂

除非另有说明，分析时均使用符合国家标准或专业标准的分析纯试剂、去离子水或同等纯度的水。

① 硝酸（HNO_3） $\rho=1.42g/mL$，优级纯。

② 硝酸（HNO_3） $\rho=1.42g/mL$，分析纯。

③ 高氯酸（$HClO_4$） $\rho=1.67g/mL$，优级纯。

④ 燃料 乙炔，用钢瓶气或由乙炔发生器供给，纯度不低于 99.6%。

⑤ 氧化剂 空气，一般气体压缩机供给，进入燃烧器以前应经过适当过滤，以除去其中的水、油和其他杂质。

⑥ （1+1）硝酸溶液 用硝酸（分析纯）配制。

⑦ （1+499）硝酸溶液 用硝酸（优级纯）配制。

⑧ 金属贮备液 1.000g/L。

称取1.000g光谱纯金属，准确到0.001g，用硝酸（优级纯）溶解，必要时加热，直至溶解完全，然后用水稀释定容至1000mL。

⑨ 中间标准溶液 用硝酸溶液（1+499）稀释金属贮备液配制，此溶液中铜的浓度为50.00mg/L。

6. 仪器

一般实验室仪器和原子吸收分光光度计及相应的辅助设备，配有乙炔-空气燃烧器；光源选用空心阴极灯或无极放电灯。仪器操作参数可参照厂家的说明进行选择。

【注】实验用的玻璃或塑料器皿用洗涤剂洗净后，在（1+1）硝酸溶液中浸

泡，使用前用水冲洗干净。

7. 步骤

（1）校准

① 参照表 2-15，在 100mL 容量瓶中，用（1+499）硝酸溶液稀释中间标准溶液，配制至少 4 个工作标准溶液，其浓度范围应包括样品中被测元素的浓度。

表 2-15　工作标准溶液配制表

中间标准溶液加入体积/mL	0.05	1.00	3.00	5.00	10.0
工作标准溶液浓度/(mg/L)	0.25	0.50	1.50	2.50	5.00

注：定容体积为 100mL。

② 测定金属总量时，如果样品需要消解，则工作标准溶液也按 7（6）③的步骤进行消解。

③ 选择波长和调节火焰，按 7（6）④的步骤测定。

④ 用测得的吸光度与相对应的浓度绘制校准曲线。

【注】装有内部存储器的仪器，输入 1~3 个工作标准，存入一条标准曲线，测定样品时可直接读出浓度；测定过程中，要定期地复测空白和工作标准溶液，以检查基线的稳定性和仪器的灵敏度是否发生了变化。

（2）试份

测定金属总量时，如果样品需要消解，混匀后取 100.0mL 实验样品置于 200mL 烧杯中，接 7（6）③继续分析。

（3）空白实验

在测定样品的同时，测定空白。取 100.0mL（1+499）硝酸溶液代替样品，置于 200mL 的烧杯中，接着 7（6）③继续分析。

（4）验证实验

验证实验是为了检验是否存在基体干扰或背景吸收。一般通过测定加标回收率判断基体干扰的程度，通过测定特征谱线附近 1nm 内的一条非特征吸收谱线处的吸收可判断背景吸收的大小。根据表 2-16 选择与特征谱线对应的非特征吸收谱线。

表 2-16　吸收谱线

元素	特征谱线/nm	非特征吸收谱线/nm
铜	324.7	324（锆）

（5）去干扰实验

根据验证实验 7（4）的结果，如果存在基体干扰，用标准加入法测定并计算结果。如果存在背景吸收，用自动背景校正装置或邻近非特征吸收谱线进行校正,后一种办法是从特征谱线处测得的吸收值中扣除邻近非特征吸收谱线处的吸收值,得到被测元素原子的真正吸收。此外,也可以使用螯合萃取或样品稀释法降低或排除产生基体干扰或背景吸收的组分。

(6) 测定

① 测定溶解的金属时,用制备的试样,接 7(6)④测定。

② 测定金属总量时,如果样品不需要消解,用实验室样品,接 7(6)④进行测定。如果需要消解,用 7(2)中的试份进行分析。

③ 加入 5mL 硝酸(优级纯),在电热板上加热消解,确保样品不沸腾,蒸至 10mL 左右,加入 5mL 硝酸(优级纯)和 2mL 高氯酸(优级纯),继续消解,蒸至 1mL 左右。如果消解不完全,再加入 5mL 硝酸(优级纯)和 2mL 高氯酸(优级纯),再蒸至 1mL 左右。取下冷却,加水溶解残渣,通过中速滤纸(预先用酸洗)滤入 100mL 容量瓶中,用水稀释至标线。

【注】消解中使用高氯酸有爆炸危险,整个消解要在通风橱中进行。

④ 根据表 2-17 选择波长和调节火焰,吸入(1+499)硝酸溶液,将仪器调零。吸入空白、工作标准溶液或样品,记录吸光度。

表 2-17 特征谱线波长与火焰类型

元素	特征谱线波长/nm	火焰类型
铜	324.7	乙炔-空气,氧化型

⑤ 根据扣除空白吸光度后的样品吸光度,在校准曲线上查出样品中的金属浓度。

(五) 结果计算

按下式计算水样中 Cu 含量 ρ_{Cu}:

$$\rho_{Cu} = \frac{m}{V}$$

式中 m——从校正曲线上查出或仪器直接读出的被测金属量,μg;

V——水样体积,mL。

报告结果时,要指明测定的是溶解的金属还是金属总量。

任务六 铅的测定——石墨炉原子吸收法

(一) 实验目的

1. 学会石墨炉原子吸收法测定水中铅的原理。
2. 学会石墨炉原子吸收法测定水中铅的方法。

（二）水样的保存

用聚乙烯塑料瓶采集的样品。采样瓶先用洗涤剂洗净，再在（1+1）硝酸溶液中浸泡，使用前用水冲洗干净。分析金属总量的样品，采集后立即加硝酸（优级纯）酸化至pH为1~2，正常情况下，每1000mL样品加2mL硝酸（优级纯）。

（三）方法选择

铅的测定方法有原子吸收分光光度法、双硫腙分光光度法、阳极溶出伏安法和示波极谱法等。

本实验采用石墨炉原子吸收法。

（四）测定方法

1. 范围

本法适用于生活饮用水及水源水中铅的测定。

本法最低检测质量为0.05ng铅，若取20μL水样测定，则最低检测质量浓度为2.5μg/L。

水中共存离子一般不产生干扰。

2. 原理

样品经适当处理后，注入石墨炉原子化器，所含的金属离子在石墨管内经原子化高温蒸发解离为原子蒸气，待测元素的基态原子吸收来自同种元素空心阴极灯发出的共振线，其吸收强度在一定范围内与金属浓度成正比。

3. 试剂

除非另有说明，分析时均使用符合国家标准或专业标准的分析纯试剂、去离子水或同等纯度的水。

① 硝酸（HNO_3）　　ρ＝1.42g/mL，优级纯。

② 硝酸（HNO_3）　　ρ＝1.42g/mL，分析纯。

③ （1+1）硝酸溶液　用硝酸（分析纯）配制。

④ （1+99）硝酸溶液　用硝酸（优级纯）配制。

⑤ 铅标准贮备溶液　[$\rho(Pb)$＝1mg/mL]　称取0.7990g硝酸铅[$Pb(NO_3)_2$]，溶于约100mL纯水中，加入硝酸（ρ_{20}＝1.42g/mL）1mL，并用纯水定容至500mL。

⑥ 铅标准中间溶液　[$\rho(Pb)$＝50μg/mL]　取铅标准贮备溶液5.00mL于100mL容量瓶中，用硝酸溶液（1+99）稀释至刻度，摇匀。

⑦ 铅标准使用溶液　[$\rho(Pb)$＝1μg/mL]　取铅标准中间溶液2.00mL于100mL容量瓶中，用硝酸溶液（1+99）稀释至刻度，摇匀。

⑧ 磷酸二氢铵溶液（120g/L）　称取12g磷酸二氢铵（$NH_4H_2PO_4$，优级

纯），加水溶解并定容至 100mL。

⑨ 硝酸镁溶液（50g/L）　称取 5g 硝酸镁 [Mg（NO$_3$）$_2$，优级纯]，加水溶解并定容至 100mL。

4. 仪器

① 石墨炉原子吸收分光光度计。

② 铅元素空心阴极灯。

③ 氩气钢瓶。

④ 微量加样器：20μL。

⑤ 聚乙烯瓶：100mL。

5. 仪器参数

测定铅的仪器参数见表 2-18。

表 2-18　测定铅的仪器参数

元素	波长/nm	干燥温度/℃	干燥时间/s	灰化温度/℃	灰化时间/s	原子化温度/℃	原子化时间/s
Pb	283.3	120	30	600	30	2100	5

6. 分析步骤

① 吸取铅标准使用溶液 0mL、0.25mL、0.50mL、1.00mL、2.00mL、3.00mL 和 4.00mL 于 7 个 100mL 容量瓶内，分别加入 10mL 磷酸二氢铵溶液，1mL 硝酸镁溶液，用硝酸溶液（1+99）稀释至刻度，摇匀，分别配制成 0ng/mL、2.5ng/mL、5.0ng/mL、10ng/mL、20ng/mL、30ng/mL 和 40ng/mL 的标准系列。

② 吸取 10.0mL 水样，加入 1.0mL 磷酸二氢铵溶液，0.1mL 硝酸镁溶液，同时取 10.0mL 硝酸溶液（1+99），加入等量磷酸二氢铵溶液和硝酸镁溶液作为空白。

③ 仪器参数设定后依次吸取 20μL 试剂空白，标准系列和样品，注入石墨管，启动石墨炉控制程序和记录仪，记录吸收峰高或峰面积。

（五）计算

从标准曲线查出铅浓度后，按下列公式计算铅含量 ρ_{Pb}：

$$\rho_{Pb} = \frac{\rho_1 V_1}{V}$$

式中　ρ_{Pb}——水样中铅的质量浓度，μg/L；

ρ_1——从标准曲线上查得试样中铅的质量浓度，μg/L；

V——原水样体积，mL；

V_1——测定样品的体积，mL。

● 评一评

班级：_____ 组别：_____ 姓名：_____

项目考核		评价内涵和标准	项目权重/%	学生自评 20%	学生互评 30%	教师评价 50%
考核内容	指标分解					
知识内容	水样中重金属指标的知识，常用监测分析方法原理	结合学生自查资料，熟悉水样中重金属指标的知识，掌握常用的监测分析方法原理、操作及计算方法	20			
项目完成度	常用监测方法的理解	能够掌握相关仪器的操作及使用流程	10			
	实践过程	实践操作的标准化、规范化程度	20			
		知识应用能力，应变能力，能正确地分析和解决问题的能力	10			
	检测结果分析及优化	检测结果分析的表达与展示，能准确进行结果评价，准确回答师生提出的疑问	20			
表现	团队合作	能正确、全面获取信息并进行有效的归纳	5			
		能积极参与分析方案的制订，进行小组讨论，提出自己的建议和意见	5			
		善于沟通，积极与他人合作完成任务，能正确分析和解决问题	5			
		遵守纪律，安全环保意识与总体表现	5			
综合评分						
综合评语						

项目七　水样中有机物指标的分析测定

● 典型工作任务

水中的有机污染物种类非常多，除需氧量物质以外，现有的《地表水环境质量标准》（GB 3838—2002）基本项目及《污水综合排放标准》（GB 8978）中对挥发酚、石油类、阴离子表面活性剂、烷基汞、苯并[a]芘、动植物油、甲醛、苯胺类、硝基苯类、彩色显影剂、显影剂及氧化物总量、有机磷农药、多种有机溶剂等种类繁多的有机物进行了相应的规定。本项目重点介绍《地表水环境质量标准》（GB 3838—2002）基本项目中提及的石油类及挥发酚的分析测定。

● 任务驱动

通过本项目应具备的能力目标、知识目标及素质目标如表2-19。

表2-19　能力、知识与素质目标

能力目标	1. 能根据任务要求进行合理分工； 2. 能根据任务要求查找相关的环境标准、规范和环境专业知识； 3. 能依据监测方法的要求选择合适的采样方法和采样器，并能熟练操作采样仪器并编制操作规程； 4. 能根据现场采集的样品类型选择合适的保存和运输方法； 5. 能运用分光光度法对水中有机污染样品进行分析并能正确处理实验数据； 6. 能熟练使用分析仪器； 7. 能针对水中不同有机污染物指标编制科学合理的采样记录表和分析测试原始记录表，并规范填写； 8. 能正确选择评价标准对监测结果进行评价，编制监测报告并能用流畅、简洁、精准的语言表达； 9. 能把质量控制体系运用在整个监测过程中
知识目标	1. 掌握监测任务中采样点的布设原则，采样时间、采样频率的设置方法； 2. 掌握水中有机污染物指标的采样方法、样品的预处理方法及样品的分析方法； 3. 掌握监测数据的处理方法； 4. 理解水中有机污染物指标的监测分析方法原理； 5. 掌握采样记录表和分析测试原始记录表的设计和填写要求； 6. 了解采样仪器操作规程编制的书写格式及注意事项； 7. 掌握监测过程中的质量控制体系
素质目标	1. 养成团结合作、积极进取的协作精神； 2. 学会自我学习，树立追求知识、独立思考、勇于创新的科学态度和踏实肯干、任劳任怨的工作作风； 3. 树立安全环保意识； 4. 树立诚信意识、质量意识和规范意识； 5. 学会发现问题、解决问题，学会沟通和应变方法； 6. 养成敬业爱岗、严格遵守操作规程的职业道德

● 国家相关标准

《水质　石油类和动植物油类的测定　红外分光光度法》（HJ 637—2012）
《水质　挥发酚的测定　溴化容量法》（HJ 502—2009）
《水质　挥发酚的测定　4-氨基安替比林分光光度法》（HJ 503—2009）

● 知识链接——读一读

一、水中石油类的测定（HJ 637—2012）

水中石油类是环境水体的主要污染源之一。石油类物质是指原油和石油制品的总称，其品种繁多、复杂，是各种烃类的混合物。石油中的烃类主要包括链烷烃、环烷烃、芳香烃和烯烃四类。石油类物质可以溶解态、乳化态和分散态存在于各种水体中。石油污染主要来自于废油和含油废水的排放、石油运输泄漏。石油污染贯穿石油生命的全过程，包括石油的开采、运输、炼制和使用。

2008年，石油类物质被列入中国危险废弃物名录，并在48种危险物质中排列第八位。在环境监测中，石油类和动植物油类是环境质量标准和污染物排放标准所要求的必测项目，是水体环境质量标准24项基本项目中的重要一项。水中油类在进行降解的过程中需要消耗大量水中溶解氧，浮油更影响水和空气中的氧交换，造成水体缺氧和水体恶化。导致水体出现严重的缺氧现象，水体不断恶化。石油中不同的馏分会对人类和动植物产生不同影响。低沸点的烃通常会伸入动植物体内，干扰动植物正常的生理机能；而高沸点的烃则易于在植物表面形成一层薄膜，影响植物的蒸腾、呼吸和光合作用。与含量较多的烷烃类相比，石油中的芳香烃含量很少，但毒性要大得多，特别是多环芳烃中有些组分具有致癌性。

常用的测定水中石油类的国家标准方法为红外分光光度法。

二、水中挥发酚的测定（HJ 502—2009，HJ 503—2009）

酚类主要来自炼油、煤气洗涤、炼焦、造纸、合成氨、木材防腐、木材加工和化工等废水。根据酚类能否与水蒸气一起蒸出，分为挥发酚和不挥发酚。挥发酚通常是指沸点在230℃以下的酚类，通常属一元酚。

酚类为原生质毒，属高毒物质。在饮用水加氯消毒时能形成臭味更强的氯酚，引起水质异味。饮用水中含酚能影响人体健康，人体摄入一定量时，可出现急性中毒症状，长期饮用被酚污染的水，可引起头昏、出疹、瘙痒、贫血及各种神经系统症状，水中含酚浓度达到75～100mg/L时则造成中毒死亡。水中含低浓度(0.1～0.2mg/L)酚类时，可使生长鱼的鱼肉有异味，高浓度(>5mg/L)时则会导致鱼类中毒死亡。

测定水中挥发酚的国家标准方法有溴化容量法和 4-氨基安替比林分光光度法。

● 议一议

1. 水中的石油类主要来源有哪些？石油类污染会有哪些危害？如何进行石油类测定？

2. 水中的挥发酚主要来源有哪些？挥发酚污染会有哪些危害？如何进行挥发酚测定？

● 技能训练——做一做

任务一　水中石油类的测定——红外分光光度法

（一）实验目的

1. 掌握红外分光光度法测定水中石油类的原理和方法。
2. 熟练掌握萃取、过滤等预处理操作技能。
3. 熟练掌握分光光度计的操作。

（二）实验原理

用四氯化碳萃取样品中的总油，然后用硅酸镁进行总油中可能存在的动植物油类等极性物质的吸附去除后，测定石油类。在 $2930cm^{-1}$（CH_2 基团中 C—H 键的伸缩振动）、$2960cm^{-1}$（CH_3 基团中 C—H 键的伸缩振动）、$3030cm^{-1}$（芳香环中 C—H 键的伸缩振动）三个波数下测定吸光度，按照响应计算水中石油类浓度。

当样品体积为 1000mL，萃取液体积为 25mL，使用 4cm 比色皿时，检出限为 0.01mg/L，测定下限为 0.04mg/L；当样品体积为 500mL，萃取体积为 50mL，使用 4cm 比色皿时，检出限为 0.04mg/L，测定下限为 0.16mg/L。

（三）仪器

① 红外分光光度计　能在 $3400\sim2400cm^{-1}$ 之间进行扫描，并配有 1cm 和 4cm 带盖石英比色皿。

② 旋转振荡器　振荡频数达 300 次/min。

③ 分液漏斗　1000mL、2000mL，聚四氟乙烯旋塞。

④ 玻璃砂芯漏斗　40mL、G-1 型。

⑤ 锥形瓶　100mL，具塞磨口。

⑥ 样品瓶　500mL、1000mL，棕色磨口玻璃瓶。
⑦ 量筒　1000mL、2000mL。
⑧ 其他实验室常用器皿和设备。

（四）试剂

① 蒸馏水或同等纯度试验用水。
② 盐酸（HCl）　$\rho=1.19$g/mL，优级纯。
③ 正十六烷　光谱纯。
④ 异辛烷　光谱纯。
⑤ 苯　光谱纯。
⑥ 四氯化碳　在 2800～3100cm^{-1} 之间扫描，不出现锐锋，吸光度值不超过 0.12（4cm 比色皿、空气池作参比）。
⑦ 无水硫酸钠　550℃下加热 4h，冷却后装入磨口玻璃瓶中，置于干燥器中贮存。
⑧ 硅酸镁　60～100 目。取硅酸镁于瓷蒸发皿中，置于马弗炉中 550℃下加热 4h，在炉内冷却至约 200℃后，移入干燥器中冷却至室温，于磨口玻璃瓶内保存。使用时，称取适量的硅酸镁于磨口玻璃瓶中，根据硅酸镁的质量，按 6%（m/m）比例加入适量的蒸馏水，密塞并充分振荡数分钟，放置约 12h 后使用。
⑨ 石油类标准贮备液　$\rho=1000$mg/L，可直接购买市售有证标准溶液。
⑩ 正十六烷标准贮备液　$\rho=1000$mg/L。称取 0.1000g 正十六烷于 100mL 容量瓶中，用四氯化碳定容，摇匀。
⑪ 异辛烷标准贮备液　$\rho=1000$mg/L。称取 0.1000g 异辛烷于 100mL 容量瓶中，用四氯化碳定容，摇匀。
⑫ 苯标准贮备液　$\rho=1000$mg/L。称取 0.1000g 苯于 100mL 容量瓶中，用四氯化碳定容，摇匀。
⑬ 吸附柱　内径 10mm、长约 200mm 的玻璃柱。出口处填塞少量用四氯化碳浸泡并晾干后的玻璃棉，将硅酸镁缓缓倒入玻璃柱中，边倒边轻轻敲打，填充高度约为 80mm。

（五）实验操作方法

1. 样品采集与保存

用 1000mL 样品瓶采集地表水或地下水，用 500mL 样品瓶采集工业废水或生活污水。采集后加入盐酸酸化至 pH≤2。如样品不能在 24h 内测定，应在 2～5℃冷藏保存，3d 内测定。

2. 样品制备

(1) 地表水和地下水

样品全转移至 2000mL 分液漏斗中,量取 25.0mL 四氯化碳洗涤样品瓶后,全部转移至分液漏斗中。振荡 3min,经常开启旋塞排气,静置分层后收集下层有机相转移至已加入 3g 无水硫酸钠的具塞磨口锥形瓶中,摇动数次。如果无水硫酸钠全部结晶成块,需要补加无水硫酸钠,静置。将上层水相全部转移至 3000mL 量筒中,测量样品体积并记录。

向萃取液中加入 3g 硅酸镁,至于旋转振荡器上,以 180～200r/min 的速度连续振荡 20min,静置沉淀后,上清液经玻璃砂芯漏斗过滤至具塞磨口锥形瓶中。

(2) 工业废水和生活污水

样品全转移至 1000mL 分液漏斗中,量取 50.0mL 四氯化碳洗涤样品瓶后,全部转移至分液漏斗中。振荡 3min,经常开启旋塞排气,静置分层后收集下层有机相转移至已加入 5g 无水硫酸钠的具塞磨口锥形瓶中,摇动数次。如果无水硫酸钠全部结晶成块,需要补加无水硫酸钠,静置。将上层水相全部转移至 1000mL 量筒中,测量样品体积并记录。

将萃取液分为两份,一份直接可用于测定总油。另一份加入 5g 硅酸镁,置于旋转振荡器上,以 180～200r/min 的速度连续振荡 20min,静置沉淀后,上清液经玻璃砂芯漏斗过滤至具塞磨口锥形瓶中,用以测定石油类。

【注】石油类和动植物油的吸附分离也可采用吸附柱法,即取适量的萃取液过硅酸镁吸附柱,弃去前 5mL 滤除液,余下部分接入锥形瓶中,用于测定石油类。

3. 空白试样的制备

以试验用水代替样品,按照样品制备的步骤制备空白试样。

4. 校准

(1) 校正系数测定

分别取 2.00mL 正十六烷标准贮备液、2.00mL 异辛烷标准贮备液和 10.00mL 苯标准贮备液于 3 个 100mL 容量瓶中,用四氯化碳定容至标线,摇匀。正十六烷、异辛烷和苯标准溶液浓度分别为 20mg/L、20mg/L 和 100mg/L。

用四氯化碳作参比溶液,使用 4cm 比色皿,分别测量正十六烷、异辛烷和苯标准溶液在 $2930cm^{-1}$、$2960cm^{-1}$、$3030cm^{-1}$ 处的吸光度 A_{2930}、A_{2960} 和 A_{3030}。正十六烷、异辛烷和苯标准溶液在上述波数处的吸光度均符合公式(1),联立方程求解校正系数 X、Y、Z 和 F。

$$\rho = XA_{2930} + YA_{2960} + Z\left(A_{3030} - \frac{A_{2930}}{F}\right) \tag{1}$$

式中　　　　ρ——四氯化碳中总油的含量,mg/L;

A_{2930},A_{2960},A_{3030}——各对应波数下测得的吸光度;

X，Y，Z——与各种 C—H 键吸光度相对应的系数；

F——脂肪烃对芳香烃影响的校正因子，即正十六烷在 $2930 \mathrm{cm}^{-1}$ 和 $3030 \mathrm{cm}^{-1}$ 处的吸光度之比。

对于正十六烷和异辛烷，由于芳香烃含量为零，即 $A_{3030} - \dfrac{A_{2930}}{F} = 0$，则有：

$$F = \frac{A_{2930}(\mathrm{H})}{A_{3030}(\mathrm{H})} \tag{2}$$

$$\rho(\mathrm{H}) = X A_{2930}(\mathrm{H}) + Y A_{2960}(\mathrm{H}) \tag{3}$$

$$\rho(\mathrm{I}) = X A_{2930}(\mathrm{I}) + Y A_{2960}(\mathrm{I}) \tag{4}$$

由式（2）可得 F 值，由式（3）和式（4）联合求得 X 值和 Y 值。

对于苯，则有：

$$\rho(\mathrm{B}) = X A_{2930}(\mathrm{B}) + Y A_{2960}(\mathrm{B}) + Z\left(A_{3030}(\mathrm{B}) - \frac{A_{2930}(\mathrm{B})}{F}\right) \tag{5}$$

由式（5）可得 Z 值。

式中　　　　　　　　　$\rho(\mathrm{H})$——正十六烷标准溶液的浓度，mg/L；

$\rho(\mathrm{I})$——异辛烷标准溶液的浓度，mg/L；

$\rho(\mathrm{B})$——苯标准溶液的浓度，mg/L；

$A_{2930}(\mathrm{H})$，$A_{2960}(\mathrm{H})$，$A_{3030}(\mathrm{H})$——各对应波数下测得正十六烷标准溶液的吸光度；

$A_{2930}(\mathrm{I})$，$A_{2960}(\mathrm{I})$，$A_{3030}(\mathrm{I})$——各对应波数下测得异辛烷标准溶液的吸光度；

$A_{2930}(\mathrm{B})$，$A_{2960}(\mathrm{B})$，$A_{3030}(\mathrm{B})$——各对应波数下测得苯标准溶液的吸光度。

【注】如红外分光光度计出厂时已设定了校正系数，可以直接进行校正系数的检验。

（2）正系数的检验

分别量取 5.00mL 和 10.00mL 的石油类标准贮备液于 100mL 容量瓶中，用四氯化碳定容，摇匀，石油类标准溶液的浓度分别为 50mg/L 和 100mg/L。分别量取 2.00mL、5.00mL 和 20.00mL 浓度为 100mg/L 的石油类标准溶液于 100mL 容量瓶中，用四氯化碳定容，摇匀，石油类标准溶液浓度分别为 2mg/L、5mg/L 和 20mg/L。

用四氯化碳作参比溶液，使用 4cm 比色皿，于 $2930 \mathrm{cm}^{-1}$、$2960 \mathrm{cm}^{-1}$、$3030 \mathrm{cm}^{-1}$ 处分别测量 2mg/L、5mg/L、20mg/L、50mg/L 和 100mg/L 石油类标准溶液的吸光度 A_{2930}、A_{2960} 和 A_{3030}，按照式（1）计算测试浓度。如测定值与标准值的相对误差在 ±10% 以内，则校正系数可用，否则重新测定校正系数并检验，直至符合条件为止。

【注】用标准物质配制标准溶液时，使用正十六烷、异辛烷和苯，按 65∶25∶10（V/V）的比例配制混合烃标准物质。以四氯化碳作为溶剂配制所需浓度的标准溶液。

5. 测定

将经硅酸镁吸附后的萃取液移至 4cm 比色皿中，以四氯化碳作为参比溶液，于 2930cm^{-1}、2960cm^{-1}、3030cm^{-1} 三处测得 A_{2930}、A_{2960} 和 A_{3030}，计算石油类的浓度。

空白试验按上法同步进行测定。

（六）结果计算与表达

水样中石油类的浓度 $\rho(\mathrm{mg/L})$ 按照公式（6）进行计算：

$$\rho = \left[XA_{2930} + YA_{2960} + Z\left(A_{3030} - \frac{A_{2930}}{F}\right) \right] \frac{V_0 D}{V_w} \tag{6}$$

式中　　　　　　ρ——样品中石油类的浓度，mg/L；
　　　　X,Y,Z,F——校正系数；
$A_{2930},A_{2960},A_{3030}$——各对应波数下测得的吸光度；
　　　　　　　　V_0——萃取溶剂的体积，mL；
　　　　　　　　V_w——样品体积，mL；
　　　　　　　　D——萃取液稀释倍数。

当测定结果小于 10mg/L 时，结果保留两位小数；当测定结果大于等于 10mg/L 时，结果保留三位有效数字。

（七）注意事项

1. 每批样品分析前，应先做空白实验，空白值应低于检出限。
2. 样品分析过程中产生的四氯化碳废液应存放在密闭容器中并妥善处理。
3. 萃取液经硅酸镁吸附剂处理后，由极性分子构成的动植物油类被吸附，而非极性的石油类不被吸附。某些含有如羰基、羟基的非动植物油类的极性物质同时也被吸附，当样品中明显含有此类物质时，应在测试结果中说明。

任务二　水中挥发酚的测定——4-氨基安替比林分光光度法

（一）实验目的

1. 掌握分光光度法测定水中挥发酚的原理和方法。
2. 熟练掌握蒸馏、萃取预处理方法。
3. 通过实验进一步掌握分光光度计的操作与测定原理。

（二）实验原理

萃取分光光度法原理：用蒸馏法使挥发性酚类化合物蒸馏出来，并与干扰物质和固定剂分离。由于酚类化合物的挥发速度是随馏出液体积而变化，因此，馏出液体积必须与试样体积相等。被蒸馏出的酚类化合物，于 pH 为 10.0 ± 0.2 介质中，在铁氰化钾存在下，与4-氨基安替比林反应生成橙红色的安替比林染料，用三氯甲烷萃取后，在460nm 波长下测定吸光度。适用于地表水、地下水和饮用水，检出限为 0.0003mg/L，测定下限为 0.001mg/L，测定上限为 0.04mg/L。

直接分光光度法原理：用蒸馏法使挥发性酚类化合物蒸馏出来，并与干扰物质和固定剂分离。由于酚类化合物的挥发速度是随馏出液体积而变化，因此，馏出液体积必须与试样体积相等。被蒸馏出的酚类化合物，于 pH 为 10.0 ± 0.2 介质中，在铁氰化钾存在下，与4-氨基安替比林反应生成橙红色的安替比林染料。显色后，在30min 内，于510nm 波长测定吸光度。适用于工业废水和生活污水，检出限为 0.01mg/L，测定下限为 0.04mg/L，测定上限为 2.50mg/L。

对于质量浓度高于标准测定上限的样品，可适当稀释后进行测定。

（三）仪器

1. 分光光度计

萃取分光光度法：具460nm 检测波长，并配有光程为30mm 的比色皿。
直接分光光度法：具510nm 检测波长，并配有光程为20mm 的比色皿。

2. 一般实验室常用仪器

【注】除非另有说明，分析时均使用符合国家 A 级标准的玻璃量器。

（四）试剂

① 无酚水　可按照以下两种方法制备。

a. 于每升水中加入 0.2g 经 200℃ 活化 30min 的活性炭粉末，充分振摇后，放置过夜，用双层中速滤纸过滤。

b. 加氢氧化钠使水呈强碱性，并加入高锰酸钾至溶液呈紫红色，移入全玻璃蒸馏器中加热蒸馏，收集馏出液备用。

② 硫酸亚铁（$FeSO_4 \cdot 7H_2O$）。

③ 碘化钾（KI）。

④ 硫酸铜（$CuSO_4 \cdot 5H_2O$）。

⑤ 乙醚（$C_4H_{10}O$）。

⑥ 三氯甲烷（$CHCl_3$）。

⑦ 精制苯酚。取苯酚（C_6H_5OH）于具有空气冷凝管的蒸馏瓶中，加热蒸

馏，收集 182~184℃ 的馏出部分，馏分冷却后应为无色晶体，贮于棕色瓶中，于冷暗处密闭保存。

⑧ 氨水　$\rho(NH_3 \cdot H_2O) = 0.90 g/mL$。

⑨ 盐酸　$\rho(HCl) = 1.19 g/mL$。

⑩ (1+9) 磷酸溶液。

⑪ (1+4) 硫酸溶液。

⑫ 氢氧化钠溶液　$\rho(NaOH) = 100 g/L$。称取氢氧化钠 10g 溶于水，稀释至 100mL。

⑬ 缓冲溶液　pH=10.7。称取 20g 氯化铵（NH_4Cl）溶于 100mL 氨水中，密塞，置冰箱中保存。为避免氨的挥发引起 pH 值的改变，应注意在低温下保存，且取用后立即加塞盖严，并根据使用情况适量配制。

⑭ 4-氨基安替比林溶液　称取 2g 4-氨基安替比林溶于水中，溶解后移入 100mL 容量瓶中，用水稀释至标线，必要时按以下方法进行提纯：将 100mL 配制好的 4-氨基安替比林溶液置于干燥烧杯中，加入 10g 硅镁型吸附剂（弗罗里硅土，60~100 目，600℃烘制 4h），用玻璃棒充分搅拌，静置片刻，将溶液在中速定量滤纸上过滤，收集滤液，置于棕色试剂瓶内，于 4℃下保存，可保存 7d。

⑮ 铁氰化钾溶液　$\rho(K_3[Fe(CN)_6]) = 80 g/L$。称取 8g 铁氰化钾溶于水，溶解后移入 100mL 容量瓶中，用水稀释至标线。置冰箱内冷藏，可保存一周。

⑯ 溴酸钾-溴化钾溶液　$c(1/6 KBrO_3) = 0.1 mol/L$。称取 2.784g 溴酸钾溶于水，加入 10g 溴化钾，溶解后移入 1000mL 容量瓶中，用水稀释至标线。

⑰ 硫代硫酸钠溶液　$c(Na_2S_2O_3) \approx 0.0125 mol/L$。称取 3.1g 硫代硫酸钠，溶于煮沸放冷的水中，加入 0.2g 碳酸钠，溶解后移入 1000mL 容量瓶中，用水稀释至标线。临用前按照 GB 7489—87 标定。

⑱ 淀粉溶液　$\rho = 0.01 g/mL$。称取 1g 可溶性淀粉，用少量水调成糊状，加沸水至 100mL，冷却后，移入试剂瓶中，置冰箱内冷藏保存。

⑲ 酚标准贮备液　$\rho(C_6H_5OH) \approx 1.00 g/L$。称取 1.00g 精制苯酚，溶解于水，移入 1000mL 容量瓶中，用水稀释至标线。按以下方法进行标定。

吸取 10.0mL 酚贮备液于 250mL 碘量瓶中，加水稀释至 100mL，加 10.0mL 0.1mol/L 溴酸钾-溴化钾溶液，立即加入 5mL 浓盐酸，密塞，徐徐摇匀，于暗处放置 15min，加入 1g 碘化钾，密塞，摇匀，放置暗处 5min，用硫代硫酸钠溶液滴定至淡黄色，加入 1mL 淀粉溶液，继续滴定至蓝色刚好褪去，记录用量。

同时以水代替酚贮备液做空白试验，记录硫代硫酸钠溶液用量。

酚贮备液质量浓度按下式计算：

$$\rho = \frac{(V_1 - V_2)c \times 15.68}{V}$$

式中　ρ——酚贮备液质量浓度，g/L；

　　　V_1——空白试验中硫代硫酸钠溶液的用量，mL；

　　　V_2——滴定酚贮备液时硫代硫酸钠溶液的用量，mL；

　　　c——硫代硫酸钠溶液浓度，mol/L；

　　　V——试样体积，mL；

　　　15.68——苯酚（$1/6C_6H_5OH$）摩尔质量，g/mol。

置冰箱内冷藏，可稳定保存一个月。

⑳ 酚标准中间液　$\rho(C_6H_5OH)=10.0mg/L$。取适量酚标准贮备液用水稀释至100mL容量瓶中，使用时当天配制。

㉑ 酚标准使用液　$\rho(C_6H_5OH)=1.00mg/L$。量取10.00mL酚标准中间液于100mL容量瓶中，用水稀释至标线，配制后2h内使用。

㉒ 甲基橙指示液　$\rho(甲基橙)=0.5g/L$。称取0.1g甲基橙溶于水，溶解后移入200mL容量瓶中，用水稀释至标线。

㉓ 淀粉-碘化钾试纸　称取1.5g可溶性淀粉，用少量水搅成糊状，加入200mL沸水，混匀，放冷，加0.5g碘化钾和0.5g碳酸钠，用水稀释至250mL，将滤纸条浸渍后，取出晾干，盛于棕色瓶中，密塞保存。

㉔ 乙酸铅试纸　称取乙酸铅5g，溶于水中，并稀释至100mL。将滤纸条浸入上述溶液中，1h后取出晾干，盛于广口瓶中，密塞保存。

㉕ pH试纸　1~14。

（五）实验操作方法

1. 样品采集与保存

在样品采集现场，用淀粉-碘化钾试纸检测样品中有无游离氯等氧化剂的存在。若试纸变蓝，应及时加入过量硫酸亚铁去除。样品采集量应大于500mL，贮于硬质玻璃瓶中。采集后的样品应及时加磷酸酸化至pH约4.0，并加适量硫酸铜，使样品中硫酸铜质量浓度约为1g/L，以抑制微生物对酚类的生物氧化作用。采集后的样品应在4℃下冷藏，24h内进行测定。

2. 预处理

取250mL样品移入500mL全玻璃蒸馏器中，加25mL水，加数粒玻璃珠以防暴沸，再加数滴甲基橙指示液，若试样未显橙红色，则需继续补加磷酸溶液。连接冷凝器，加热蒸馏，收集馏出液250mL至容量瓶中。

蒸馏过程中，若发现甲基橙红色褪去，应在蒸馏结束后，放冷，再加1滴甲基橙指示液。若发现蒸馏后残液不呈酸性，则应重新取样，增加磷酸溶液加入量，进行蒸馏。

3. 显色

萃取分光光度法：将馏出液 250mL 移入分液漏斗中，加 2.0mL 缓冲溶液，混匀，pH 值为 10.0 ± 0.2，加 1.5mL4-氨基安替比林溶液，混匀，再加 1.5mL 铁氰化钾溶液，充分混匀后，密塞，放置 10min。

直接分光光度法：分取馏出液 50mL 加入 50mL 比色管中，加 0.5mL 缓冲溶液，混匀，此时 pH 值为 10.0 ± 0.2，加 1.0mL4-氨基安替比林溶液，混匀，再加 1.0mL 铁氰化钾溶液，充分混匀后，密塞，放置 10min。

4. 萃取

萃取分光光度法：在上述显色分液漏斗中准确加入 10.0mL 三氯甲烷，密塞，剧烈振摇 2min，倒置放气，静置分层。用干脱脂棉或滤纸拭干分液漏斗颈管内壁，于颈管内塞一小团干脱脂棉或滤纸，将三氯甲烷层通过干脱脂棉团或滤纸，弃去最初滤出的数滴萃取液后，将余下三氯甲烷直接放入光程为 30mm 的比色皿中。

直接分光光度法不进行萃取。

5. 测定

萃取分光光度法：于 460nm 波长，以三氯甲烷为参比，测定三氯甲烷层的吸光度值。

直接分光光度法：于 510nm 波长，用光程为 20mm 的比色皿，以水为参比，于 30min 内测定溶液的吸光度值。

6. 空白试验

萃取分光光度法：用水代替试样，按照步骤 1～4 测定其吸光度值。空白应与试样同时测定。

直接分光光度法：用水代替试样，按照步骤 1～3 测定其吸光度值。空白应与试样同时测定。

7. 校准

萃取分光光度法：于一组 8 个分液漏斗中，分别加入 100mL 水，依次加入 0.00、0.25mL、0.50mL、1.00mL、3.00mL、5.00mL、7.00mL 和 10.00mL 酚标准使用液，再分别加水至 250mL。按照 2～4 步骤进行测定。

由校准系列测得的吸光度值减去零浓度管的吸光度值，绘制吸光度值对酚含量（μg）的曲线，校准曲线回归方程相关系数应达到 0.999 以上。

直接分光光度法：于一组 8 支 50mL 比色管中，分别加入 0.00、0.50mL、1.00mL、3.00mL、5.00mL、7.00mL、10.00mL 和 12.50mL 酚标准中间液，加水至标线。按照步骤 2～3 进行测定。

由校准系列测得的吸光度值减去零浓度管的吸光度值，绘制吸光度值对酚含量（mg）的曲线，校准曲线回归方程相关系数应达到 0.999 以上。

(六) 结果计算与表达

萃取分光光度法：试样中挥发酚的质量浓度（以苯酚计），按下式计算：

$$\rho = \frac{A_s - A_b - a}{bV}$$

式中　ρ——试样中挥发酚的质量浓度，mg/L；
　　　A_s——试样的吸光度值；
　　　A_b——空白试验的吸光度值；
　　　a——校准曲线的截距值；
　　　b——校准曲线的斜率；
　　　V——试样的体积，mL。

当计算结果小于 0.1mg/L 时，保留到小数点后四位；大于等于 0.1mg/L 时，保留三位有效数字。

直接分光光度法：试样中挥发酚的质量浓度（以苯酚计），按下式计算：

$$\rho = \frac{A_s - A_b - a}{bV} \times 1000$$

式中　ρ——试样中挥发酚的质量浓度，mg/L；
　　　A_s——试样的吸光度值；
　　　A_b——空白试验的吸光度值；
　　　a——校准曲线的截距值；
　　　b——校准曲线的斜率；
　　　V——试样的体积，mL。

当计算结果小于 1mg/L 时，保留到小数点后 3 位；大于等于 1mg/L 时，保留三位有效数字。

(七) 干扰及消除

氧化剂、油类、硫化物、有机或无机还原性物质和苯胺类干扰酚的测定。

1. 氧化剂（如游离氯）的消除

样品滴于淀粉-碘化钾试纸上出现蓝色，说明存在氧化剂，可加入过量的硫酸亚铁去除。

2. 硫化物的消除

当样品中有黑色沉淀时，可取一滴样品放在乙酸铅试纸上，若试纸变黑色，说明有硫化物存在。此时样品继续加磷酸酸化，置通风橱内进行搅拌曝气，直至生成的硫化氢完全逸出。

3. 甲醛、亚硫酸盐等有机或无机还原性物质的消除

可分取适量样品于分液漏斗中，加硫酸溶液使呈酸性，分次加入 50mL、30mL、30mL 乙醚以萃取酚，合并乙醚层于另一分液漏斗，分次加入 4mL、3mL、3mL 氢氧化钠溶液进行反萃取，使酚类转入氢氧化钠溶液中。合并碱萃取液，移入烧杯中，置水浴上加温，以除去残余乙醚，然后用水将碱萃取液稀释到原分取样品的体积。同时应以水做空白试验。

4. 油类的消除

样品静置分离出浮油后，按照以上 3 操作步骤进行。

5. 苯胺类的消除

苯胺类可与 4-氨基安替比林发生显色反应而干扰酚的测定，一般在酸性（pH＜0.5）条件下，可以通过预蒸馏分离。

（八）说明及注意事项

1. 使用的蒸馏设备不宜与测定工业废水或生活污水的蒸馏设备混用。每次试验前后，应清洗整个蒸馏设备。

2. 不得用橡胶塞、橡胶管连接蒸馏瓶及冷凝器，以防止对测定产生干扰。

3. 两种方法每批样品均应带一个中间校核点，中间校核点测定值和校准曲线相应点浓度的相对误差不超过 10%。

● 评一评——项目考核评分表

班级：_____ 组别：_____ 姓名：_____

项目考核		评价内涵和标准	项目权重/%	学生自评 20%	学生互评 30%	教师评价 50%
考核内容	指标分解					
知识内容	水中有机污染物指标的知识，常用监测分析方法原理	结合学生自查资料，熟悉水中有机污染物指标知识，掌握常用的监测分析方法原理、操作及计算方法	20			
项目完成度	常用监测方法的理解	能够掌握相关仪器的操作及使用流程	10			
	实践过程	实践操作的标准化、规范化程度	20			
		知识应用能力，应变能力，能正确地分析和解决问题的能力	10			

续表

项目考核		评价内涵和标准	项目权重/%	学生自评 20%	学生互评 30%	教师评价 50%
考核内容	指标分解					
项目完成度	检测结果分析及优化	检测结果分析的表达与展示,能准确进行结果评价,准确回答师生提出的疑问	20			
表现	团队合作	能正确、全面获取信息并进行有效的归纳	5			
		能积极参与分析方案的制订,进行小组讨论,提出自己的建议和意见	5			
		善于沟通,积极与他人合作完成任务,能正确分析和解决问题	5			
		遵守纪律,安全环保意识与总体表现	5			
综合评分						
综合评语						

项目八　水样中无机阴离子指标的分析测定

● 典型工作任务

无机阴离子是水质指标的重要组成部分,《地表水环境质量标准》(GB 3838—2002)及《污水综合排放标准》(GB 8978)中与无机阴离子污染物有关的指标有氟化物、氰化物、硫酸盐、氯化物、硝酸盐等。本项目重点对《地表水环境质量标准》(GB 3838—2002)基本项目中的氟离子进行介绍。

● 任务驱动

通过本项目应具备的能力目标、知识目标及素质目标如表2-20。

表 2-20 能力、知识与素质目标

能力目标	1. 能根据任务要求进行合理分工； 2. 能根据任务要求查找相关的环境标准、规范和环境专业知识； 3. 能依据监测方法的要求选择合适的采样方法和采样器,并能熟练操作采样仪器并编制操作规程； 4. 能根据现场采集的样品类型选择合适的保存和运输方法； 5. 能熟练运用离子色谱仪,对各种无机阴离子污染物样品进行分析并能正确处理实验数据； 6. 能熟练使用分析仪器； 7. 能针对各种无机阴离子编制科学合理的采样记录表和分析测试原始记录表,并规范填写； 8. 能正确选择评价标准对监测结果进行评价,编制监测报告并能用流畅、简洁、精准的语言表达； 9. 能把质量控制体系运用在整个监测过程中
知识目标	1. 掌握监测任务中采样点的布设原则,采样时间、采样频率的设置方法； 2. 掌握各种无机阴离子的采样方法、样品的预处理方法及样品的分析方法； 3. 掌握监测数据的处理方法； 4. 理解各污染因子监测分析的方法原理； 5. 掌握采样记录表和分析测试原始记录表的设计和填写要求； 6. 了解采样仪器操作规程编制的书写格式及注意事项； 7. 掌握监测过程中的质量控制体系
素质目标	1. 养成团结合作、积极进取的协作精神； 2. 学会自我学习,树立追求知识、独立思考、勇于创新的科学态度和踏实能干、任劳任怨的工作作风； 3. 树立安全环保意识； 4. 树立诚信意识、质量意识和规范意识； 5. 学会发现问题、解决问题;学会沟通和应变方法； 6. 养成敬业爱岗、严格遵守操作规程的职业道德

● **国家相关标准**

《水质 无机阴离子的测定 离子色谱法》(HJ/T 84—2001)

● **知识链接——读一读**

水中氟离子的测定（HJ/T 84—2001）

氟离子为水环境监测的重要指标,在地表水和饮用水的水质监测项目中为必测项目。水环境中氟离子主要来源于有机化工、磷肥、钢铁、冶金等工厂的废水排放。

氟离子是人体内的一种营养性痕量元素,其与牙齿钙质生成低溶性氟化钙,可保护牙齿免受乳酸菌的侵蚀,而且人体内氟元素不足,易引发龋齿病。但是,人体吸收过量的氟后,会引起氟斑牙。在一般情况下,饮用含氟量 0.5～

1.5mg/L 的水时，多数地区的氟斑牙患病率已高达 45% 以上，且中、重度患者明显增多。氟化物对人的致死量为 6~12g，饮用水含 2.4~5mg/L 则可出现氟骨症，《生活饮用水卫生标准》(GB 5749—2006)规定饮用水中氟离子含量小于 1.0mg/L。工业检验方面，氟离子的检测在诸多行业中有着重要意义，如氟离子的存在对电镀工业中电镀槽中不溶性电极危害极大，当电镀液中氟离子浓度大于 1mg/L 时会造成电极中毒而失效；氟含量的测定在检验稀土产品纯度中起着重要的作用。还有核工业、冶金、矿产等方面都对 F^- 的定量定性分析有严格的要求，甚至有的工业监控要求高达 10^{-9} 级。

对氟离子的检验国家标准方法有离子色谱法。

● 议一议

水中氟离子的主要来源有哪些？有何危害？如何进行测定？

● 技能训练——做一做

任务　水中氟离子的测定——离子色谱法

（一）实验目的

1. 掌握离子色谱法测定水中氟离子含量的原理和方法。
2. 熟练掌握离子色谱的操作。

（二）实验原理

采用阴离子交换分离柱分离氟离子与其他离子成分，以碳酸钠-碳酸氢钠溶液为淋洗液，硫酸溶液为再生液，用电导检测器进行检测。将样品的色谱峰与标准溶液中各离子的色谱峰相比较，根据保留时间定性，峰高或峰面积定量。当电导检测器的量程为 10μS，进样量为 25μL 时，氟离子的检出限为 0.02mg/L。

（三）仪器

① 离子色谱仪（具电导检测器）。
② 色谱柱：阴离子分离柱和阴离子保护柱。
③ 微膜抑制器或抑制柱。
④ 记录仪或积分仪。
⑤ 淋洗液和再生液贮存罐。
⑥ 微孔滤膜法过滤器。
⑦ 预处理柱：预处理柱管内径为 6mm，长 90mm。上层填充吸附树脂（约

30mm 高），下层填充阳离子交换树脂（约 50mm 高）。

(四) 试剂

① 实验用水　二次去离子水，电导率小于 $0.5\mu S/cm$，经 $0.45\mu m$ 微孔滤膜法过滤。

② 淋洗液

a. 淋洗贮备液　分别取 19.078g 碳酸钠和 14.282g 碳酸氢钠（均已在 105℃ 烘干 2h，干燥器中放冷），溶解于水中，移入 1000mL 容量瓶，用水稀释到标线，摇匀，贮存于聚乙烯瓶中，在冰箱中保存。此溶液碳酸钠浓度为 0.18mol/L；碳酸氢钠浓度为 0.17mol/L。

b. 淋洗使用液　取贮备液 10mL 置于 1000mL 容量瓶中，用水稀释到标线，摇匀。此溶液碳酸钠浓度为 0.0018mol/L；碳酸氢钠浓度为 0.0017mol/L。

③ 再生液 $c(1/2H_2SO_4)=0.05mol/L$　吸取 1.39mL 浓硫酸溶于 1000mL 容量瓶中（瓶中装有少量水），用去离子水稀释到标线，摇匀。

④ 氟离子标准贮备液（1000.0mg/L）　称取 2.2100g 氟化钠（105℃ 烘干 2h）溶于水，移入 1000mL 容量瓶中，加入 10.00 淋洗贮备液，用水稀释到标线。贮存于聚乙烯瓶中，置于冰箱中冷藏。

⑤ 氟离子标准使用液 I　吸取 5.00mL 氟离子贮备液于 1000mL 容量瓶中，加入 10.00mL 淋洗贮备液，用水稀释到标线，其中氟离子浓度为 5.00mg/L。

⑥ 氟离子标准使用液 II　吸取 20.00mL 使用液 I 于 100mL 容量瓶中，加入 1.00mL 淋洗贮备液，用水稀释到标线，其中氟离子浓度为 1.00mg/L。

⑦ 吸附树脂 50～100 目。

⑧ 阳离子交换树脂 100～200 目。

⑨ 弱淋洗液，$c(Na_2B_4O_7)=0.005mol/L$。

(五) 实验操作方法

1. 样品采集与保存

① 样品采集　水样采集后经 $0.45\mu m$ 微孔滤膜法过滤，保存于清洁的玻璃瓶或聚乙烯瓶中。

② 样品保存　水样采集后应尽快分析，否则应在 4℃ 下存放，玻璃瓶中水样能存放 48h，聚乙烯瓶中水样能存放 1 个月，一般不加保存剂。

2. 分析

① 色谱条件

淋洗液浓度：碳酸钠 0.0018mol/L-碳酸氢钠 0.0017mol/L。

再生液流速：根据淋洗液流速来确定，使背景电导达到最小值。

电导检测器：根据样品浓度选择量程。

进样量：25μL。

淋洗液流速：1.0~2.0mL/min。

② 标准曲线的绘制　根据样品浓度选择标准使用液Ⅰ或Ⅱ，配制5个浓度水平的混合标准溶液，测定其峰高（或峰面积），以峰高（或峰面积）为纵坐标，以离子浓度（mg/L）为横坐标，用最小二乘法计算校准曲线的回归方程。

③ 样品测定　高灵敏度的离子色谱法一般用于浓度较低的样品，对未知的样品最好先稀释100倍后进行测定，再根据所得结果选择适当的稀释倍数。

对有机物含量较高的样品，应先用有机溶剂萃取除去大量的有机物，取水相进行分析；对污染严重、成分复杂的样品，可采用预处理柱法同时除去有机物和重金属离子。

④ 空白试验　以试验用水代替水样，经0.45μm微孔滤膜法过滤后进行色谱分析。

⑤ 标准曲线的校准　用标准样品对标准曲线进行校准。

上述的检测条件下，氟离子的保留时间为1.19min，以已知浓度标准样品对校准曲线进行校准。

（六）结果计算与表达

按下式进行水中氟离子浓度 c(mg/L) 的计算：

$$c = \frac{h - h_0 - a}{b}$$

式中　h——峰高（或峰面积）；

h_0——空白峰高（或峰面积）测定值；

b——回归方程的斜率；

a——回归方程的截距。

（七）说明及注意事项

1. 现代分析仪器及分析方法正处于飞速发展的时期，大多数的离子色谱已经实现量程自动切换、校准曲线回归方程自动获取等功能，硬件方面，商品化、稳定性高的离子色谱柱、预处理柱、保护柱及纯水制备设备等已经获得良好的市场检验，在实际工作中要按具体实际情况来调整离子色谱分析工作，尽量以便捷、快速的方式获得准确可靠、满足测试要求的结果。

2. 样品需经0.45μm微孔滤膜过滤，除去样品中颗粒物，防止系统堵塞。

3. 整个系统须避免进气泡，否则将影响分离效果。

4. 每个工作日或淋洗液、再生液改变时及分析20个样品后，都要对标准曲线进行校准。假如响应值或保留时间大于预期值的±10％时,必须用新的校准标样重新测定。如果其测定结果仍大于±10％时,则需要重新绘制该离子的标准曲线。

5. 对于污染严重成分复杂的样品,预处理柱可有效去除水样中所含的油溶性有机物和重金属离子,同时对测定无机阴离子均不发生吸附。

● 评一评——项目考核评分表

班级:_____ 组别:_____ 姓名:_____

项目考核		评价内涵和标准	项目权重/％	学生自评 20％	学生互评 30％	教师评价 50％
考核内容	指标分解					
知识内容	水中无机阴离子污染物指标的知识,常用监测分析方法原理	结合学生自查资料,熟悉无机阴离子污染物知识,掌握常用的监测分析方法原理、操作及计算方法	20			
项目完成度	常用监测方法的理解	能够掌握相关仪器的操作及使用流程	10			
	实践过程	实践操作的标准化、规范化程度	20			
		知识应用能力,应变能力,能正确地分析和解决问题的能力	10			
	检测结果分析及优化	检测结果分析的表达与展示,能准确进行结果评价,准确回答师生提出的疑问	20			
表现	团队合作	能正确、全面获取信息并进行有效的归纳	5			
		能积极参与分析方案的制订,进行小组讨论,提出自己的建议和意见	5			
		善于沟通,积极与他人合作完成任务,能正确分析和解决问题	5			
		遵守纪律,安全环保意识与总体表现	5			
综合评分						
综合评语						

项目九　水样中生物学指标的分析测定

● 典型工作任务

环境水样中微生物污染物监测指标有细菌菌落总数、总大肠菌群、粪大肠菌群等。在本项目中重点介绍的监测项目为《生活饮用水卫生标准》(GB 5749—2006)微生物指标中的总大肠菌群和菌落总数的测定,以及《水质　粪大肠菌群的测定　多管发酵法和滤膜法》(HJ/T 347—2007)中粪大肠菌群的测定。

● 任务驱动

通过本项目应具备的能力目标、知识目标及素质目标如表2-21。

表2-21　能力、知识与素质目标

能力目标	1. 能根据任务要求进行合理分工; 2. 能根据任务要求查找相关的环境标准、规范和环境专业知识; 3. 能依据监测方法的要求选择合适的采样方法和采样器,并能熟练操作采样仪器并编制操作规程; 4. 能根据现场采集的样品类型选择合适的保存和运输方法; 5. 能对不同污染物样品进行分析并能正确处理实验数据; 6. 能熟练使用分析仪器; 7. 能针对生物监测因子编制科学合理的采样记录表和分析测试原始记录表,并规范填写; 8. 能正确选择评价标准对监测结果进行评价,编制监测报告并能用流畅、简洁、精准的语言表达; 9. 能把质量控制体系运用在整个监测过程中
知识目标	1. 掌握监测任务中采样点的布设原则,采样时间、采样频率的设置方法; 2. 掌握生物监测因子的采样方法、样品的预处理方法及样品的分析方法; 3. 掌握监测数据的处理方法; 4. 理解生物污染因子监测分析的方法原理; 5. 掌握采样记录表和分析测试原始记录表的设计和填写要求; 6. 掌握监测过程中的质量控制体系
素质目标	1. 养成团结合作、积极进取的协作精神; 2. 学会自我学习,树立追求知识、独立思考、勇于创新的科学态度和踏实肯干、任劳任怨的工作作风; 3. 树立安全环保意识; 4. 树立诚信意识、质量意识和规范意识; 5. 学会发现问题、解决问题;学会沟通和应变方法; 6. 养成敬业爱岗、严格遵守操作规程的职业道德

● **国家相关标准**

《污水综合排放标准》　　　　　　　　　　（GB 8978）
《生活饮用水卫生标准》　　　　　　　　　（GB 5749—2006）
《生活饮用水标准检验方法　微生物指标》　（GB/T 5750.12—2006）
《地表水环境质量标准》　　　　　　　　　（GB 3838—2002）
《水质　粪大肠菌群的测定　多管发酵法和滤膜法（试行）》（HJ/T 347—2007）

● **知识链接——读一读**

一、水中细菌总数的测定（GB 5749—2006，GB/T 5750.12—2006）

水中细菌总数与水体受有机污染的程度相关，因此细菌总数常作为评价水体污染程度的一个重要指标，即细菌总数越大，水体受污染的程度越严重。

菌落是指细菌在固体培养基上生长繁殖而形成的能被肉眼识别的生长物，它是由数以万计相同的细菌集合而成。当样品被稀释到一定程度，与培养基混合，在一定培养条件下，每个能够生长繁殖的细菌细胞都可以在平板上形成一个可见的菌落。细菌菌落总数是指水样在营养琼脂上有氧条件下 37℃ 培养 48h 后，所得 1mL 水样所含菌落总数。我国现行生活饮用水卫生标准（GB 5749）规定：饮用水中细菌总数每毫升不超过 100 个。

测定水中细菌总数的国家标准方法为平板菌落计数法。

二、水中总大肠菌群的测定（GB 5749，GB/T 5750.12—2006）

水中微生物学的检验，特别是肠道细菌的检验，在保证饮水安全和控制传染病上有着重要的意义，同时也是评价水质状况的重要指标。所谓大肠菌群，是指一群在 37℃ 培养 24h 能发酵乳糖产酸、产气的兼性厌氧革兰阴性无芽孢杆菌的总称。水中大肠菌群数是指 100mL 水检样内含有的大肠菌群实际数值，以大肠菌群最近似数（MPN）表示。水源中大肠菌群的数量，是直接反映水源被人畜排泄物污染的一项重要指标。

测定水中总大肠菌群的国家标准方法有多管发酵法和滤膜法。

三、水中粪大肠菌群的测定（GB 8978，GB 3838—2002，HJ/T 347—2007）

水中粪大肠菌群是总大肠菌群中的一部分，主要来自粪便。在 44.5℃ 温度下能生长并发酵乳糖产酸产气的大肠菌群称为粪大肠菌群。城市污水既包括人们的生活排出的洗浴、粪尿，也包括公共设施排出的废水，如医院废水、工业废水等。这些污、废水都有可能带来大量的病毒和致病菌。由于病菌类别多样，对每一种病菌进行分析又十分复杂，因此通常采用最有代表性的粪大肠菌群指标反映水的卫生质量。

测定水中总大肠菌群的国家标准方法有多管发酵法和滤膜法。

● 议一议

1. 水中细菌总数如何进行测定？
2. 水中总大肠菌群如何进行测定？
3. 水中粪大肠菌群如何进行测定？

● 技能训练——做一做

任务一　水中细菌总数的测定

（一）实验目的

1. 学习水样的采样方法和水样细菌总数测定的方法。
2. 了解水源水的平板菌落计数的原则。

（二）实验原理

本实验应用平板菌落计数技术测定水中细菌总数。由于水中细菌种类繁多，它们对营养和其他生长条件的要求差别很大，不可能找到一种培养基在一种条件下，使水中所有的细菌均能生长繁殖，因此，以一定的培养基平板上生长出来的菌落计算出来的水中细菌总数仅是一种近似值。

（三）培养基与试剂

1. 营养琼脂制备

营养琼脂成分：蛋白胨 10g，牛肉膏 3g，氯化钠 5g，琼脂 10～20g，蒸馏水 1000mL，pH 为 7.4～7.6。

将蛋白胨、牛肉膏、氯化钠、琼脂，置于蒸馏水中加热溶解，调节 pH 为 7.4～7.6。混合后，过滤除去沉淀，分装于玻璃容器中，经 121℃ 高压蒸汽灭菌 20min，贮存于暗处备用。

2. 仪器

高压蒸汽灭菌器、干热灭菌箱、培养箱（36℃±1℃）、电炉、天平、冰箱、放大镜或菌落计数器、pH 计或精密 pH 试纸、灭菌锥形烧瓶、灭菌的带玻璃塞瓶、灭菌平皿（直径 9cm）、灭菌吸管。

(四) 实验操作方法

1. 水样的采集

(1) 生活饮用水（自来水）

先将自来水龙头用火焰烧灼 3min 灭菌，再开放水龙头使水流 5min 后，以灭菌锥形烧瓶接取水样，以待分析。

(2) 水源水（池水、河水或湖水等）

应取距水面 10~15cm 的深层水样，先将灭菌的带玻璃塞瓶，瓶口向下浸入水中，然后翻转过来，除去玻璃塞，水即流入瓶中，盛满后，将瓶塞盖好，再从水中取出，最好立即检测，否则需放入冰箱中保存。

2. 细菌总数测定

(1) 生活饮用水（自来水）

以无菌操作方法用灭菌吸管吸取 1mL 充分混匀的水样，注入灭菌平皿中，倾注约 15mL 已熔化并冷却到 45℃ 左右的营养琼脂培养基，并立即旋摇平皿，使水样与培养基充分混匀。每次检验时应做一平行接种，同时另用一个平皿只倾注营养琼脂培养基作为空白对照。

待冷却凝固后，翻转平皿，使底面向上，置于 36℃±1℃ 培养箱内培养 48h，进行菌落计数，即为水样 1mL 中菌落总数。

(2) 水源水（池水、河水或湖水等）

以无菌操作方法用灭菌吸管吸取 1mL 充分混匀的水样，注入盛有 9mL 灭菌生理盐水的试管中，混成 1:10 稀释液。

吸取 1:10 稀释液 1mL 注入盛有 9mL 灭菌生理盐水的试管中，混成 1:100 稀释液。按同法依次稀释成 1:1000、1:10000 稀释液备用。如此递增稀释一次，必须更换一支 1mL 灭菌吸管。

用灭菌吸管取未稀释的水样和 2~3 个适宜稀释度的水样 1mL，分别注入灭菌平皿中，倾注约 15mL 已熔化并冷却到 45℃ 左右的营养琼脂培养基，并立即旋摇平皿，使水样与培养基充分混匀。每次检验时应做一平行接种，同时另用一个平皿只倾注营养琼脂培养基作为空白对照。

待冷却凝固后，翻转平皿，使底面向上，置于 36℃±1℃ 培养箱内培养 48h，进行菌落计数，即为水样 1mL 中菌落总数。

3. 菌落计数

培养后，立即进行平皿菌落计数。进行平皿菌落计数时，可用菌落计数器或放大镜检查，以防遗漏。在记下各平皿的菌落数后，应求出同稀释度的平均菌落数，计算出原始样品中每每毫升中的菌落数，进行报告。

（五）结果计算

细菌总数是以每个平皿菌落的总数或平均数乘以稀释倍数而得来的。各种不同情况的计算方法如下。

1. 先计算相同稀释度的平均菌落数。若其中一个平板有较大片状菌苔生长时，则不应采用，而应以无片状菌苔生长的平板作为该稀释度的平均菌落数。若片状菌苔的大小不到平板的一半，而其余的一半菌落分布又很均匀时，则可将此一半的菌落数乘2以代表全平板的菌落数，然后再计算该稀释度的平均菌落数。

2. 首先选择平均菌落数在30～300之间的，当只有一个稀释度的平均菌落数符合此范围时，则以该平均菌落数乘其稀释倍数即为该水样的细菌总数。

3. 若有两个稀释度的平均菌落数均在30～300之间，则按两者菌落总数之比值来决定。若其比值小于2，应采取两者的平均数；若大于2，则取其中较小的菌落总数。

4. 若所有稀释度的平均菌落数均大于300，则应按稀释度最高的平均菌落数乘以稀释倍数。

5. 若所有稀释度的平均菌落数均小于30，则应按稀释度最低的平均菌落数乘以稀释倍数。

6. 若所有稀释度的平均菌落数均不在30～300之间，则以最近300或30的平均菌落数乘以稀释倍数。

（六）说明及注意事项

1. 稀释水样时，每稀释一次，需更换一支1mL灭菌吸管。
2. 操作要快而准，包括材料、加样、倒培养基。
3. 吸液体时液体不能进入吸头。
4. 样品稀释时一定要混匀。
5. 倒培养基前，瓶口要过火焰。
6. 一定要有空白对照。
7. 培养基温度、培养基薄厚应控制好。
8. 检测时一定要使平皿完全暴露于空气中。

任务二　水中总大肠菌群的测定

（一）实验目的

1. 了解和学习水中总大肠菌群的测定原理和测定意义。

2. 掌握多管发酵法测定水中总大肠菌群的操作步骤。

（二）实验原理

将一定量的样品接种乳糖发酵管，根据发酵反应的结果，确证大肠菌群的阳性管数后在检索表中查出大肠菌群的近似值。多管发酵法可用于生活饮用水及其水源水中总大肠菌群的检验。

（三）培养基与试剂

1. 乳糖蛋白胨培养液

乳糖蛋白胨培养液成分：蛋白胨 10g，牛肉膏 3g，乳糖 5g，NaCl 5g，16g/L 溴甲酚紫乙醇溶液 1mL，蒸馏水 1000mL，pH 为 7.2～7.4。

将蛋白胨、牛肉膏、乳糖及氯化钠溶于蒸馏水中，调整 pH 为 7.2～7.4，再加入 16g/L 溴甲酚紫乙醇溶液，充分混匀，分装于装有倒管的试管中，115℃ 高压灭菌 20min，贮存于冷暗处备用。

2. 二倍浓度浓缩乳糖蛋白胨培养液

将上述乳糖蛋白胨培养基浓缩 2 倍配制。

3. 伊红美兰培养基

伊红美兰培养基成分：蛋白胨 10g，磷酸氢二钾 2g，乳糖 10g，20g/L 伊红水溶液 20mL，5g/L 美蓝溶液 13mL，琼脂 20～30g，蒸馏水 1000mL，pH7.2。

将蛋白胨、磷酸盐和琼脂溶于蒸馏水中，调整 pH 为 7.2，加入乳糖，混匀后分装，115℃高压灭菌 20min。临用时加热熔化琼脂，冷至 50～55℃，加入伊红和美兰溶液，混匀，倾注平皿。

4. 革兰染色液

结晶紫染色液：结晶紫 1g，95％乙醇 20mL，10g/L 草酸铵水溶液 80mL。将结晶紫溶于乙醇中，然后与草酸铵溶液混合。

革兰碘液：碘 1g，碘化钾 2g，蒸馏水 300mL。将碘和碘化钾先进行混合，加入蒸馏水少量，充分振荡，待完全溶解后，再加入蒸馏水。

脱色剂：95％乙醇。

沙黄复染液：沙黄 0.25g，95％乙醇 10mL，蒸馏水 90mL。将沙黄溶解于乙醇中，待完全溶解后，再加入蒸馏水。

染色法：将培养 18～24h 的培养物涂片在火焰上固定，滴加结晶紫染色液，染 1min，水洗；滴加革兰碘液，作用 1min，水洗；滴加脱色剂，摇动玻片，直至无紫色脱落为止，约 30s，水洗；滴加复染液，复染 1min，水洗，待干，镜检。

5. 仪器

培养箱 36℃±1℃、冰箱、天平、显微镜、培养皿（直径 9cm）、试管、分度吸管、锥形瓶、小倒管、载玻片。

（四）实验操作方法

1. 乳糖发酵试验

取 10mL 水样接种到 10mL 双料乳糖蛋白胨培养液中，取 1mL 水样接种到 10mL 单料乳糖蛋白胨培养液中，另取 1mL 水样注入到 9mL 灭菌生理盐水中，混匀后吸取 1mL（即 0.1mL 水样）注入到 10mL 单料乳糖蛋白胨培养液中，每一稀释度接种 5 管。

对已处理过的出厂自来水，需经常检验或每天检验一次，可直接接种 5 份 10mL 水样双料培养基，每份接种 10mL 水样。

检验水源水时，如污染较严重，应加大稀释度，可接种 1mL、0.1mL、0.01mL 甚至 0.1mL、0.01mL、0.001mL，每一稀释度接种 5 管，每个水样共接种 15 管。接种 1mL 以下水样时，必须作 10 倍递增稀释后，取 1mL 接种，每递增稀释一次，换用 1 支 1mL 灭菌刻度吸管。

将接种管置于 36℃±1℃ 培养箱中，培养 24h±2h，如所有乳糖蛋白胨培养管都不产气产酸，则可报告为总大肠菌群阴性，如有产酸产气者，则按下列步骤进行。

2. 分离培养

将产酸产气的发酵管分别转种在伊红美兰琼脂平板上，于 36℃±1℃ 培养箱内培养 18~24h，观察菌落形态，挑取符合下列特征的菌落作革兰染色、镜检和证实试验。

深紫黑色、具有金属光泽的菌落；紫黑色、不带或略带金属光泽的菌落；淡紫红色、中心较深的菌落。

3. 证实试验

经上述染色镜检为革兰阴性无芽孢杆菌，同时接种乳糖蛋白胨培养液，置于 36℃±1℃ 培养箱中，培养 24h±2h，有产酸产气者，即证实有总大肠菌群存在。

（五）结果计算

根据证实为总大肠菌群阳性的管数，查 MPN 检索表，报告每 100mL 水样中的总大肠菌群最可能数（MPN）值。稀释样品查表后所得结果应乘稀释倍数。如所有乳糖发酵管均为阴性，可报告大肠菌群未检出。

任务三 水中粪大肠菌群的测定

(一) 实验目的

1. 掌握滤膜法测定粪大肠菌群的原理。
2. 掌握滤膜法测定粪大肠菌群的步骤。
3. 了解粪大肠菌群对评价水质状况的重要性。

(二) 实验原理

滤膜是一种微孔性薄膜。将水样注入已灭菌的放有滤膜（孔径 $0.45\mu m$）的滤器中，经过抽滤，细菌被截留在膜上，然后将滤膜贴于 M-FC 培养基上，44.5℃下进行培养，计数滤膜上生长的此特性的菌落数，计算出每 1L 水样中含有粪大肠菌群数。

(三) 培养基与试剂

1. M-FC 培养基制备

M-FC 培养基成分：胰胨 10g，乳糖 12.5g，蛋白胨 3g，酵母浸膏 3g，氯化钠 5g，胆盐三号 1.5g，1% 玫瑰色酸溶液（溶于 0.2mol/L 氢氧化钠液中）10mL，1% 苯胺蓝水溶液 10mL，蒸馏水 1000mL。

将培养基中除苯胺蓝和玫瑰色酸外的成分，置于蒸馏水中加热溶解，调节 pH 为 7.4，分装于小烧瓶内，每瓶 100mL，于 115℃灭菌 20min。贮于冰箱中备用。临用前，按上述配方比例，用灭菌吸管分别加入已煮沸灭菌的 1% 苯胺蓝溶液 1mL 及新配制的 1% 玫瑰色酸溶液（溶于 0.2mol/L 氢氧化钠溶液中）1mL，混合均匀。加热溶解前，加入 1.2%～1.5% 琼脂可制成固体培养基。如培养物中杂菌不多，则培养基中不加玫瑰色酸亦可。

在密封瓶中的脱水培养基成品要存放在大气湿度低、温度低于 30℃的暗处，存放时应避免阳光直接照射，并且要避免杂菌侵入和液体蒸发。当培养液颜色变化，或体积变化明显时废弃不用。

2. 试剂

所用试剂除另有注明外，均为符合国家标准的分析纯化学试剂，实验用水为新制备的去离子水。

(四) 实验操作方法

1. 水样量选择

水样量的选择根据细菌受检验的特征和水样中预测的细菌密度而定。如未知水样中粪大肠菌的密度,就应按表 2-22 所列体积过滤水样,得知水样的粪大肠杆菌密度。先估计出适合在滤膜上计数所应使用的体积,然后再取这个体积的 1/10 和 10 倍,分别过滤。理想的水样体积是一片滤膜上生长 20~60 个粪大肠菌群菌落,总菌落数不得超过 200 个。使用的水样量可参考表 2-22。

表 2-22 水样量表

水样种类	检测方法	接种量/mL							
		100	50	10	1	0.1	10^{-2}	10^{-3}	10^{-4}	10^{-5}
较清洁的湖水	滤膜法	√	√	√						
一般的江水	滤膜法			√	√	√				
城市内的河水	滤膜法					√	√	√		
城市原污水	滤膜法							√	√	√

2. 滤膜及滤器灭菌

将滤膜放入烧杯中,加入蒸馏水,置于沸水浴中煮沸灭菌三次,每次 15min。前两次煮沸后需更换水洗涤 2~3 次,以除去残留溶剂。也可用 121℃ 灭菌 10min,10min 一到,迅速将蒸汽放出,这样可以尽量减少滤膜上凝集的水分。滤器、接液瓶和垫圈分别用纸包好,在使用前先经 121℃ 高压蒸汽灭菌 30min。滤器灭菌也可用点燃的酒精棉球火焰灭菌。

3. 过滤装置安装

把无菌操作滤器装置依照图 2-17 装好。

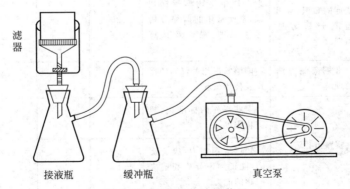

图 2-17 无菌操作滤器装置

4. 过滤

用无菌镊子夹取灭菌滤膜边缘,将粗糙面向上,贴放在已灭菌的滤床上,稳妥地固定好滤器。将适量的水样注入滤器中,加盖,开动真空泵即可抽滤除菌。

5. 培养

使用 M-FC 培养基。培养基含或不含琼脂，不含琼脂的培养基使用已用 M-FC 培养基饱和的无菌吸收垫。将滤过水样的滤膜置于琼脂或吸收垫表面。将培养皿紧密盖好后，置于能准确恒温于 44.5℃±0.5℃ 的恒温培养箱中，经 24h±2h 培养。

（五）结果计算

粪大肠菌群菌落在 M-FC 培养基上呈蓝色或蓝绿色，其他非粪大肠菌群菌落呈灰色、淡黄色或无色。正常情况下，由于温度和玫瑰酸盐试剂的选择性作用，在 M-FC 培养基上很少见到非粪大肠菌菌落。必要时可将可疑菌落接种于 EC 培养液，44.5℃±0.5℃ 培养 24h±2h，如产气则证实为粪大肠菌群。

计数呈蓝或蓝绿色的菌落，计算出每 1L 水样中的粪大肠菌群数。

$$粪大肠菌群菌落数（个/L）= \frac{滤膜上生长的粪大肠菌群菌落数 \times 1000}{过滤水样量（mL）}$$

● **评一评——项目考核评分表**

班级：_____ 组别：_____ 姓名：_____

项目考核		评价内涵和标准	项目权重/%	学生自评 20%	学生互评 30%	教师评价 50%
考核内容	指标分解					
知识内容	水样中生物学指标的知识，常用监测分析方法原理	结合学生自查资料，熟悉水样中生物学指标知识，掌握常用的监测分析方法原理、操作及计算方法	20			
项目完成度	常用监测方法的理解	能够掌握相关仪器的操作及使用流程	10			
	实践过程	实践操作的标准化、规范化程度	20			
		知识应用能力，应变能力，能正确地分析和解决问题的能力	10			
	检测结果分析及优化	检测结果分析的表达与展示，能准确进行结果评价，准确回答师生提出的疑问	20			

续表

项目考核		评价内涵和标准	项目权重/%	学生自评 20%	学生互评 30%	教师评价 50%
考核内容	指标分解					
表现	团队合作	能正确、全面获取信息并进行有效的归纳	5			
		能积极参与分析方案的制订,进行小组讨论,提出自己的建议和意见	5			
		善于沟通,积极与他人合作完成任务,能正确分析和解决问题	5			
		遵守纪律,安全环保意识与总体表现	5			
		综合评分				
综合评语						

模块三　综合能力培养模块
——综合实训

本项目以学院周边小型河流的一个河段或小湖库为对象，按照水环境质量监测程序完成整个监测过程，并作出质量评价，编制监测报告。

一、实训目的

1. 通过环境水体监测实训，进一步让学生巩固课本所学知识，深入了解环境水体监测的布点及各环境污染因子的采样与分析方法、数据处理等方法与技能。

2. 通过对校园周边环境水体监测，掌握校园周边的水环境质量现状，并判断水环境质量是否符合国家有关环境标准的要求。

3. 培养学生的团结协作精神和实践操作技能、综合分析问题的能力。

二、监测资料的收集

环境水体现状调查和资料收集，通过现场勘查和调查主要收集包括水体沿岸污染源及其排污情况、水体沿岸的资源现状和水资源的用途等相关资料。

三、监测项目和范围

1. 监测项目

水质监测项目可分为水质常规项目、特征污染物和水域敏感参数。水质常规项目可根据环境水体的污染物来选取。监测项目根据规定的水质要求和有毒物质确定。

2. 监测范围

地表水监测范围必须包括污染源排水对地表水环境影响比较明显的区域，应能全面反映与地表水有关的基本环境状况。

四、监测点布设、监测时间和采样方法

1. 监测点布设

监测断面和采样点的设置应根据监测目的和监测项目，并结合水域类型等，综合诸多方面因素提出优化方案，在研究和论证的基础上确定。

2. 监测时间与频率

根据课时安排可连续监测1～2天，根据情况每天采样1～2次。

3. 采样方法

根据监测项目确定是混合采样还是单独采样。采样器需事先用洗涤剂、自来水、10％硝酸或盐酸和蒸馏水洗涤干净、沥干，采样前用被采集的水样洗涤2～3次。采样时应避免激烈搅动水体和漂浮物进入采样桶；采样桶桶口要迎着水流方向浸入水中，水充满后迅速提出水面，需加保存剂时应在现场加入。为特殊监测项目采样时，要注意特殊要求，如应用碘量法测定水中溶解氧，需防止曝气或残存气泡的干扰等。

五、样品的保存和运输

水样存放过程中，由于吸附、沉淀、氧化还原、微生物作用等，样品的成分可能发生变化，因此如不能及时运输和分析测定的水样，需采取适当的方法保存。较为普遍采用的保存方法有：控制溶液的pH值、加入化学试剂、冷藏和冷冻。

采取的水样除一部分现场测定使用外，大部分要运送到实验室进行分析测试。在运输过程中，为继续保证水样的完整性、代表性、使之不受污染，不被损坏和丢失，必须遵守各项保存措施。根据水样采样记录表清点样品，塑料容器要塞紧内塞、旋紧外塞；玻璃瓶要塞紧磨口塞，然后用细绳将瓶塞与瓶颈拴紧。需冷藏的样品，配备专门的隔热容器，放冷却剂。冬季运送样品，应采取保温措施，以免冻裂样瓶。采样应按照技术规范要求采集全程序空白样和平行样。

六、分析方法与数据处理

1. 分析方法

分析方法按国家标准或行业标准分析方法，或按国家环保总局规定的《水和废水监测分析方法》（第四版增补版）进行。

2. 数据处理

监测结果的原始数据要根据有效数字的保留规则正确书写，监测数据的运算要遵循运算规则。在数据处理中，对出现的可疑数据，首先从技术上查明原因，然后再用统计检验处理，经验证后属离群数据应予剔除，以使测定结果更符合实际。

3. 分析结果的表示

水质监测分析结果可按表3-1进行统计。

表3-1 水质监测分析结果

断面名称	污染因子	pH	SS	DO	COD_{Cr}	BOD_5	NH_3-N	…
1	浓度/(mg/L)							
	超标倍数							

续表

断面名称	污染因子	pH	SS	DO	COD$_{Cr}$	BOD$_5$	NH$_3$-N	...
2	浓度/(mg/L)							
	超标倍数							
3	浓度/(mg/L)							
	超标倍数							
...								
标准值								

4．水质评价

目前我国颁布的水质标准主要有：《地表水环境质量标准》（GB 3838—2002）、《生活饮用水卫生标准》（GB 5749—2006）等。《地表水环境质量标准》适用于全国江河、湖泊、水库等水域。因此，学生根据监测结果，对照《地表水环境质量标准》，对河水进行评价，判断水质属于几类。推断污染物的来源，对污染物的种类进行分类，并提出改进的建议。

七、要求学生完成的工作

1．制订校园周边环境水体监测方案（包括采样布点、采样时间与频率的确定、水样的保存方法和分析测定方法的确定等）。

2．选择水质监测采样设备和水样贮存容器，选择水样分析中使用的仪器、试剂及其纯度，试剂的配制方法、浓度及其用量。

3．完成水样的采集、预处理及分析测试。

4．对校园及其周边水环境进行简单水质评价。